D1729016

PAL-Prüfungsbuch

der PAL = Prüfungs-Aufgaben- und Lehrmittelentwicklungsstelle

Herausgegeben von der
Industrie- und Handelskammer Region Stuttgart

PAL-Prüfungsbuch

Elektrische Sicherheit

Testaufgaben für die Berufsausbildung

Elektroberufe
Erste Auflage

Verlag Dr.-Ing. Paul Christiani GmbH & Co. KG

Bestell-Nr. 84581
ISBN: 978-3-86522-599-3

Elektroberufe

Inhaltsverzeichnis

Vorwort

Die Industrie- und Handelskammern (IHKs) in der Bundesrepublik Deutschland führen seit über 70 Jahren Abschlussprüfungen in kaufmännischen und gewerblich-technischen Berufen durch.

855 Vertreter der Arbeitnehmer, Arbeitgeber und Lehrer[1] berufsbildender Schulen entwickeln in 139 Fachausschüssen und Arbeitskreisen der *Prüfungsaufgaben- und Lehrmittelentwicklungsstelle (PAL) der IHK Region Stuttgart* Aufgaben für die schriftlichen, praktischen und integrierten Zwischen- und Abschlussprüfungen in den gewerblich-technischen Berufen.

Auszubildende unterschiedlicher industrieller Elektroberufe werden mit PAL-Aufgaben geprüft. Um ihnen die Vorbereitung auf die Prüfung zu erleichtern, aber auch Lehrern und Ausbildern die Kontrolle des Lernerfolgs der Auszubildenden zu ermöglichen, hat die PAL mit dem vorliegenden *PAL-Prüfungsbuch* Aufgaben aus dem Themengebiet „Elektrische Sicherheit" unterschiedlichen Typs und verschiedener Schwierigkeitsgrade zusammengestellt.

Anregungen für Verbesserungen und Hinweise auf Fehler nehmen wir gerne entgegen (pal@stuttgart.ihk.de).

Bedanken möchten wir uns bei den Mitgliedern der PAL-Elektrofachausschüsse, die durch ihr Engagement bei der Erstellung und Aktualisierung von Aufgaben für die PAL-Prüfungen zur Entstehung dieses PAL-Prüfungsbuchs beigetragen haben.

Wir wünschen allen Prüflingen viel Erfolg!

Ihre
PAL – Prüfungsaufgaben- und Lehrmittelentwicklungsstelle
der IHK Region Stuttgart

Stuttgart, im Juli 2010

---

[1] Für alle personenbezogenen Bezeichnungen wird aus Gründen der Übersichtlichkeit und einfacheren Lesbarkeit die männliche Form gewählt, sie gilt gleichermaßen für Frauen und Männer.

Einleitung

1. Allgemeines

Der erste Elektro-Unfall

1879 berichtete die Zeitschrift für angewandte Elektrizitätslehre:

„Im Reichstagsgebäude zu Berlin fand am 4. November abends die Probe der neu eingerichteten elektrischen Erleuchtung statt. Es waren im ganzen acht Flammen in Tätigkeit gesetzt."
Folgende Geschichte in Zusammenhang mit diesem Ereignis ging in die Chronik ein:
„Ein bemerkenswerter Vorgang trug sich im Reichstagsgebäude zu, kurz nachdem die Anlage in Betrieb gesetzt war. Ein Angestellter wollte einigen Herren erklären, wie die Lampen arbeiten. Zu diesem Zweck hatte er eine von den Laternen heruntergelassen, die an Aufziehvorrichtungen hingen. Dabei war er unvorsichtig, berührte bei geöffnetem Stromkreis beide Pole und fiel infolge des Schlages zu Boden.
Einer der umstehenden Herren machte den Vorschlag, den in den Körper eingedrungenen Strom unschädlich in die Erde abzuleiten. Der Verunglückte wurde sofort in den Garten geschafft, wo beide Hände in den Erdboden gesteckt wurden. Dort lag der Elektrisierte, bis er sich erholt hatte."
Das also war der erste Unfall durch Elektrizität und die wundersame Heilung.

Quelle: Informationsbrief „Die Sicherheitsfachkraft" 3/82 der Bau-Berufsgenossenschaft

Rund 130 Jahre später amüsieren wir uns zwar über diesen Bericht, dennoch – Strom war, ist und bleibt gefährlich! Und ein Elektrounfall endet leider nicht immer nur mit dem Schrecken.

Die Statistik der Berufsgenossenschaft Energie Textil Elektro zeigt, dass 2008 in Deutschland 628 Stromunfälle gemeldet wurden – 628 zu viel! Fünf Unfälle hiervon gingen tödlich aus. Das Statistische Bundesamt verzeichnete 2008 bundesweit 113 Menschen, die infolge von „Schäden durch elektrischen Strom" starben.

Das vorliegende Buch möchte einen Beitrag dazu leisten, dass (angehende) Elektrofachkräfte die Gefahren des elektrischen Stroms erkennen und sicher mit Elektrizität umgehen können.

200 Aufgaben sollen exemplarisch den Lernenden wie Lehrenden eine unterstützende Hilfe sein.

In Selbst- und Fremdtests kann neu erlerntes wie auch wieder aufgefrischtes Wissen zum Thema „Elektrische Sicherheit" in fachsystematischer Form überprüft werden.

Dieses Buch wurde 2010 auf Basis der gültigen Normen und Regelwerke der Elektrotechnik entwickelt. Trotz sorgfältiger Prüfung kann nicht ausgeschlossen werden, dass sich zwischenzeitlich normative Änderungen ergeben haben. Wir bitten dieses zu berücksichtigen.

Mehr als 30 Jahre Praxiserfahrung flossen in die allgemein anerkannte berufsgenossenschaftliche Vorschrift A3 (BGV A3, vormals VBG 4 und BGV A2) ein. Diese soll von der Betriebssicherheitsverordnung (BetrSichV) sowie den Technischen Regeln der Betriebssicherheit (TRBS) abgelöst werden (Stand: November 2007). Da die BGV A3 jedoch weiterhin die Forderungen der TRBS 2131 erfüllt und in Fachkreisen immer noch intensiv diskutiert wird, wurde in diesem Buch die BGV A3 im Sinne der Verallgemeinerung zugrunde gelegt. Zu beachten gilt aber, dass betriebsspezifische Anforderungen zu Abweichungen führen können.

Die inhaltliche Struktur des Buchs folgt der DIN-VDE. Bitte beachten Sie, dass die Aufgaben häufig in Bezug zu mehreren Normen stehen können. Die gewählte Kapitelzuordnung kann deshalb nicht absolut, sondern nur schwerpunktmäßig gesehen werden.

2. Typen von Aufgaben

Grundsätzlich sind zwei Aufgabentypen zu unterscheiden:

* Gebundene Aufgaben (0 oder 1 Punkt)
* Ungebundene Aufgaben (10 bis 0 Punkte)

Gebundene Aufgaben beginnen mit einer Frage, teilweise wird erst der Sachverhalt geschildert. Die Frage kann auch eine Verneinung beinhalten (in der Regel kursiv hervorgehoben). Der Prüfling antwortet nicht mit eigenen Worten, sondern markiert auf dem Markierungsbogen **einen** von fünf Antwortvorschlägen.

Bei den ungebundenen Aufgaben steht eine Feststellung oder die Schilderung eines Falls am Anfang. Die Prüflinge müssen die Fragen mit eigenen Worten beantworten und ihre Antwort in der Regel auch kurz begründen.

Beispiele für gebundene und ungebundene Aufgaben finden Sie in diesem Prüfungsbuch. Als Anlage wurde dem Buch ein Markierungsbogenmuster beigefügt.

001

Eine Person hat einen elektrischen Schlag erhalten und ist nicht mehr ansprechbar. Welche Reihenfolge von Untersuchungs- bzw. Erste-Hilfe-Maßnahmen muss eingehalten werden?

1. Atemkontrolle, Notruf, Seitenlage, Versorgung der Verbrennungen

2. Notruf, sonst keine Maßnahmen, da Sicherheitsabstand bei Starkstromunfällen mindestens 5 m

3. Selbstschutz vor dem elektrischen Strom, bei Atmung, stabile Seitenlage, Notruf, Versorgung der Verbrennungen

4. Seitenlage, Notruf, Versorgung von Verbrennungen

5. Seitenlage, Notruf, Versorgung von Verbrennungen, Atemkontrolle

002

An welchem Merkmal ist die Sicherheit einer gewerblich genutzten Stehleiter zu erkennen?

1. Die Stehleiter muss einen farbigen, deckenden Schutzanstrich haben.

2. Die Stehleiter darf maximal acht Sprossenpaare haben.

3. Auf der Stehleiter muss ein gültiges Prüfzeichen angebracht sein.

4. An beiden Holmen der Stehleiter müssen Stufen angebracht sein.

5. Zum Aufstellen muss die Stehleiter mit Gummi- oder Plastikfüßen versehen sein.

003

Ein fest montiertes Heißwassergerät muss wegen eines Defekts ausgewechselt werden. In welcher Auswahlantwort ist die fachgerechte „Freischaltung" beschrieben?

1. Der Ausschalter für das Heißwassergerät wird ausgeschaltet.

2. Das Heißwassergerät wird an der Geräteanschlussklemme abgeklemmt.

3. Die Schraubkappe mit der Sicherung wird so weit gelockert, dass der Stromkreis unterbrochen ist.

4. Der Leitungsschutzschalter des Stromkreises wird abgeschaltet.

5. Die gesamte elektrische Anlage wird durch Ausschalten des Hauptschalters oder Herausschrauben aller Hauptsicherungen allpolig vom Netz getrennt.

004

In einer elektrischen Anlage befinden sich unter Spannung stehende Betriebsmittel. Wodurch kann ein unmittelbares Berühren dieser Teile verhindert werden?

1. Durch Tragen von Schutzkleidung

2. Durch Verwenden von isoliertem Werkzeug

3. Durch Abdecken der Spannung führenden Teile

4. Durch Einsatz besonders geschulter Elektrofachkräfte

5. Durch optimale Bedingungen an der Arbeitsstelle (z. B. ausgezeichnete Beleuchtung oder keine ablenkenden Geräusche)

005

Bis zu welcher Spannung darf die abgebildete Steckvorrichtung verwendet werden?

1. 110 V/50 Hz

2. 220 V/Gleichspannung

3. 230 V/50 Hz

4. 400 V/50 Hz

5. 500 V/50 Hz

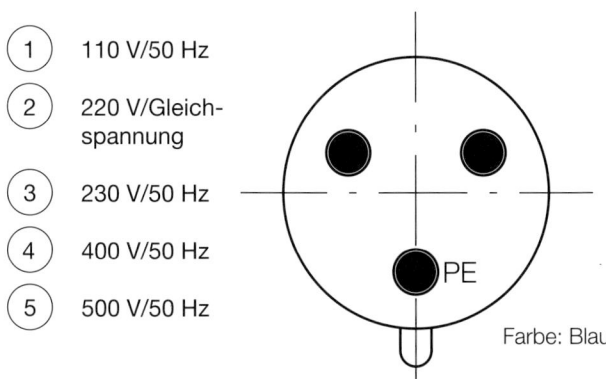

Farbe: Blau

006

Welche Spannung (AC) entspricht einer Kleinspannung?

1. 24 V

2. 115 V

3. 230 V

4. 6 kV

5. 10 kV

Unfallverhütung und Arbeitssicherheit

007

Die Zuleitung einer Presse wurde beschädigt und soll von einem Facharbeiter und einem Auszubildenden ausgetauscht werden. Die Leitung ist auf einer Kabelrinne in 5 m Höhe verlegt. Um sicher arbeiten zu können, wird ein fahrbares Gerüst eingesetzt. Worauf müssen Sie achten?

1. Zwei Personen dürfen nicht gleichzeitig auf dem Gerüst sein.

2. Auf der Gerüststandfläche dürfen keine Gegenstände abgestellt sein.

3. Das Gerüst ist gegen Wegrollen zu sichern.

4. Auszubildende dürfen nicht auf fahrbaren Gerüsten arbeiten.

5. Das fahrbare Gerüst darf maximal 3,20 m hoch sein.

008

Welche Institution erstellt die Unfallverhütungsvorschriften für die Elektroindustrie?

1. Bundesministerium für Wirtschaft und Technologie (BMWi)

2. Arbeitgeberverbände der Metall- und Elektroindustrie (Gesamtmetall)

3. Berufsgenossenschaft Energie Textil Elektro Medienerzeugnisse (BG ETEM)

4. Verband Deutscher Elektrotechniker (VDE)

5. Zentralverband Elektrotechnik- und Elektronikindustrie e. V. (ZVEI)

009

Im Rahmen von Reparaturarbeiten setzen Sie einen Spannungsprüfer ein. Wann sollte sein ordnungsgemäßer Zustand überprüft werden?

1. Täglich

2. Vor jeder Benutzung

3. Wöchentlich

4. Monatlich

5. Jährlich

010

Welche Maßnahme ist bei der Reparatur eines ortsveränderlichen Stromversorgungsgeräts zuerst vorzunehmen?

1. Den Gehäusedeckel entfernen

2. Die Sicherung des Gleichstromkreises herausnehmen

3. Die Netzsicherung im Gerät herausnehmen

4. Vor dem Abnehmen des Gehäusedeckels den Netzstecker ziehen

5. Das Geräteanschlusskabel am Gerät abklemmen

011

Ein Monteur verletzt sich im Betrieb.
Was ist zu beachten?

1. Ist die Verletzung geringfügig, kann er ohne Meldung weiterarbeiten.

2. Der geringfügig Verletzte geht nur zum Verbandskasten und verbindet sich die Wunde selbst.

3. Jede Verletzung ist unverzüglich der zuständigen Stelle zu melden.

4. Bei jeder Verletzung, auch der geringfügigsten, ist der Unfallarzt aufzusuchen.

5. Die Meldung einer Verletzung ist nicht erforderlich.

012

Ein Monteur ist bei der Arbeit an einem elektrischen Stromkreis verunglückt und kann sich selbst nicht mehr von dem spannungsführenden Teil lösen. Welche der genannten Maßnahmen sollte ein Helfer zur Rettung des Verunglückten *nicht* treffen?

1. Spannung als Erstes abschalten

2. Sicherungen herausdrehen

3. Den Verunglückten sofort an der Hand aus dem Gefahrenbereich ziehen

4. Isolierten Standpunkt einnehmen und den Verunglückten an der Kleidung aus dem Gefahrenbereich ziehen

5. Im Notfall die Spannung in geeigneter Weise kurzschließen

013

Worauf ist beim Laden von Bleiakkumulatoren im Hinblick auf die Unfallverhütungsvorschriften zu achten?

1. Beim Laden kann Wasserstoff entstehen, der mit Sauerstoff Knallgas bildet.
2. Es entsteht giftiges Chlorgas.
3. Es bilden sich betäubende Stickoxide.
4. Infolge der Erwärmung siedet die Säure und kann aus dem Akkumulator herausspritzen.
5. Beim Laden entstehen Überspannungen, die Unfälle zur Folge haben können.

014

Welche Bedeutung hat dieses Warnzeichen?

1. Ätzende Stoffe
2. Explosionsgefährliche Stoffe
3. Giftige Stoffe
4. Warnung vor feuergefährlichen Stoffen
5. Brandfördernde Stoffe

015

Welches der Warnzeichen warnt vor einem elektromagnetischen Feld? (Symbole schwarz auf gelbem Grund, schwarzer Rand)

016

Welches der Warnzeichen warnt vor einer gefährlichen elektrischen Spannung? (Symbole schwarz auf gelbem Grund, schwarzer Rand)

017

Welches der Rettungszeichen für Erste-Hilfe-Einrichtungen weist auf einen Arzt hin?

 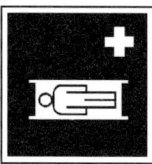  
 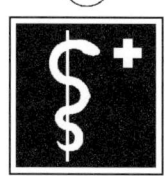 

018

Was gehört *nicht* zu den in der DIN VDE 0105 aufgeführten Einrichtungen zur Unfallverhütung, die je nach den Verhältnissen einzeln oder kombiniert bei Arbeiten an elektrischen Anlagen einzusetzen sind?

1. Isolierende Schutzbekleidung (isolierende Handschuhe, Stiefel und Schutzanzüge)
2. Schutzbrille und Augenschutzschirm
3. Isolierte Werkzeuge, Betätigungsstangen und Isolierstangen
4. Geräte zum Erden und Kurzschließen
5. Krankentragen

Unfallverhütung und Arbeitssicherheit

019

In welchem Zeitabstand hat ein Unternehmer nach der BGV A3 ortsfeste elektrische Anlagen und Betriebsmittel durch eine Elektrofachkraft auf ordnungsgemäßen Zustand prüfen zu lassen?

1. Mindestens alle 12 Monate
2. Mindestens alle 2 Jahre
3. Mindestens alle 3 Jahre
4. Mindestens alle 4 Jahre
5. Mindestens alle 5 Jahre

020

Welche elektrischen Anlagen bzw. Betriebsmittel müssen *nicht* in angemessenen Zeitabständen einer „wiederkehrenden Prüfung" unterzogen werden?

1. Starkstromanlagen in Betrieben
2. Starkstromanlagen und Betriebsmittel in selbst genutzten Wohnungen
3. Ortsveränderliche elektrische Betriebsmittel auf Baustellen
4. In Betrieben verwendete Anschlussleitungen mit ihren Steckvorrichtungen sowie alle Verlängerungsleitungen
5. Starkstromanlagen und Betriebsmittel in Bürogebäuden

021

Wer ist dafür verantwortlich, dass in einem Betrieb die elektrischen Anlagen und Betriebsmittel in bestimmten Zeitabständen auf ihren ordnungsgemäßen Zustand geprüft werdcn?

1. Der Verteilungsnetzbetreiber
2. Der Anlagenerrichter
3. Der Unternehmer
4. Der Anlagenbenutzer
5. Der Betriebsrat

022

Bestehende elektrische Anlagen und Betriebsmittel müssen in bestimmten Zeitabständen auf ihren ordnungsgemäßen Zustand geprüft werden. Wie wird diese Prüfung in den DIN-VDE-Normen bezeichnet?

1. Erstprüfung
2. Wiederkehrende Prüfung
3. Typprüfung
4. Wartungsprüfung
5. Erhaltungsprüfung

023

Bestehende elektrische Anlagen und Betriebsmittel müssen in bestimmten Zeitabständen auf ihren ordnungsgemäßen Zustand geprüft werden. In welchem Gesetz bzw. Regelwerk sind die Fristen für die „Wiederkehrende Prüfung" festgelegt?

1. DIN VDE 0100
2. DIN VDE 0105
3. Unfallverhütungsvorschrift BGV A3
4. Technische Anschlussbedingungen des Verteilungsnetzbetreibers (TAB)
5. Gesetz über technische Arbeitsmittel (Gerätesicherheitsgesetz)

024

In einer elektrischen Anlage kann aus zwingenden Gründen der stromlose Zustand nicht hergestellt werden. Welche persönliche Schutzausrüstung (PSA) müssen Sie benutzen, um NH-Sicherungen unter Spannung herauszunehmen?

1. Schutzhelm und Gesichtsschutz
2. Schutzbrille und Schutzbekleidung
3. Schutzbrille und isolierte Kombizange
4. NH-Sicherungsaufsteckgriff mit Unterarmschutz und Gesichtsschutz
5. NH-Sicherungsaufsteckgriff und Gummihandschuhe

025

Nach dem „Freischalten" und dem „Sichern gegen Wiedereinschalten" einer elektrischen Anlage muss die Spannungsfreiheit festgestellt werden.
Welche Behauptung ist *falsch*?

1. Die Spannungsfreiheit wird an der Ausschaltstelle festgestellt.
2. Die Spannungsfreiheit darf nur von einer Elektrofachkraft oder einer elektrotechnisch unterwiesenen Person festgestellt werden.
3. Die Spannungsfreiheit muss vor Beginn der Arbeit an der Arbeitsstelle festgestellt werden.
4. Die Spannungsfreiheit muss allpolig festgestellt werden.
5. Der Spannungsprüfer muss vor der Prüfung auf einwandfreie Funktion geprüft werden.

026

Ein Teil einer elektrischen Anlage muss „freigeschaltet" werden. Welche Maßnahme ist nach den Unfallverhütungsvorschriften *nicht* erlaubt?

1. Herausschrauben der Sicherungen
2. Ausschalten des Leitungsschutzschalters
3. Entfernen der Hauptsicherungen
4. Ausschalten des Hauptschalters
5. Beauftragen eines Kollegen, in 10 Minuten den Leitungsschutzschalter auszuschalten

027

Welche Behauptung über das abgebildete Sicherheitsschild ist *falsch*?

1. Es wird zur Sicherung gegen Wiedereinschalten einer freigeschalteten Anlage verwendet.
2. Es wird an einem Teil der elektrischen Anlage angebracht, an dem die Anlage freigeschaltet wurde.
3. Es muss sofort nach dem Freischalten angebracht werden.
4. Es muss so angebracht werden, dass es nicht abfallen kann.
5. Auf dem Schild müssen die Namen aller Personen genannt werden, die an der elektrischen Anlage arbeiten.

028

Was ist beim Ausfüllen und Anbringen des abgebildeten Schilds zu beachten?

1. Als „Ort" ist die Ausschaltstelle einzutragen.
2. Als „Entfernungsberechtigte" sind mindestens zwei Elektrofachkräfte anzugeben.
3. Es ist deutlich sichtbar an der Arbeitsstelle anzubringen.
4. Es ist sofort nach dem Erden und Kurzschließen der Anlagenteile, an denen gearbeitet werden soll, an der Ausschaltstelle anzubringen.
5. Es darf nicht an unter Spannung stehenden Teilen angebracht werden.

Unfallverhütung und Arbeitssicherheit

029

Wann gilt eine elektrische Anlage (z. B. 1 kV) nach Abschluss der Arbeiten wieder als „unter Spannung stehend"?

1. Nach Fertigstellung der Arbeiten, wenn alle Werkzeuge aus der Anlage entfernt wurden

2. Nach Aufhebung der Kurzschließung und der Erdung

3. Nach dem Anbringen der Schutzverkleidungen und der Warnschilder

4. Nachdem die Aufsicht führende Person „Einschaltbereit" gemeldet hat

5. Erst nachdem tatsächlich eingeschaltet wurde

030

Die von mehreren Personen ausgeführten Arbeiten an einer elektrischen Anlage sind beendet. Welche Maßnahme zur Wiederinbetriebnahme der Anlage *widerspricht* den Unfallverhütungsvorschriften?

1. Es werden alle Arbeitsstellen von Werkzeugen und Geräten geräumt.

2. Es wird ein Einschaltzeitpunkt vereinbart, zu dem alle Personen die Arbeitsstellen verlassen haben müssen.

3. Wenn alle Arbeitsstellen von nicht mehr benötigten Personen geräumt sind, wird mit der Aufhebung der Sicherheitsmaßnahmen begonnen.

4. Beim Abbau der Erdungs- und Kurzschließvorrichtung wird die Vorrichtung zuerst von den einzelnen Anlagenteilen und zuletzt von der Erdungsanlage gelöst.

5. Die Anlage wird wieder eingeschaltet, nachdem von allen Arbeitsstellen und sämtlichen Schaltstellen Einschaltbereitschaft gemeldet wurde.

031

Was zeigt das nebenstehende Bild?

1. Betätigungsstangen für Schaltanlagen

2. Spannungsprüfer für Innenanlagen über 1 kV Bemessungsspannung

3. Einpolige Spannungsprüfer für Anlagen bis 1 kV Bemessungsspannung

4. Erdungsstangen für Freiluft-Schaltanlagen

5. Spannungsprüfer für Außenanlagen mit Bemessungsspannung bis 20 kV

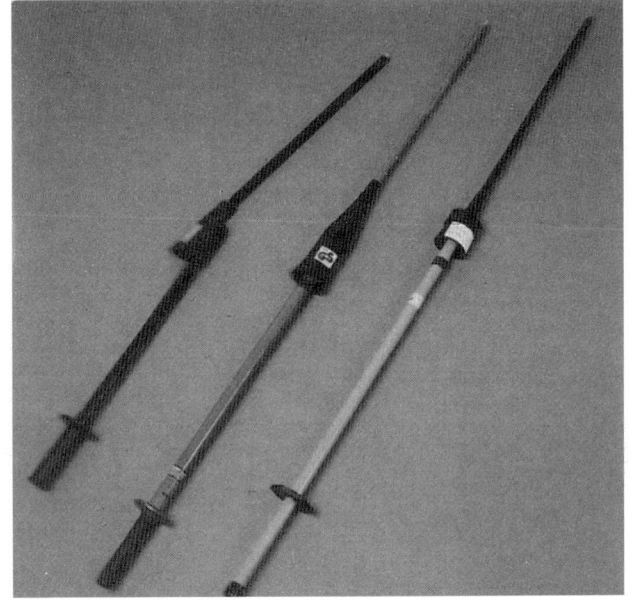

032

Welche Behauptung über die mit 1 gekennzeichnete Einschiebeplatte ist richtig?

1. Die Platte soll verhindern, dass Deckenputz in die Anlage fällt.

2. Die Platte soll das Weiterwandern von Lichtbögen verhindern.

3. Die Platte verhindert bei einseitig unter Spannung stehenden Trennern die zufällige Berührung unter Spannung stehender Teile.

4. Die mit 1 gekennzeichnete Platte muss aus gut leitendem Werkstoff, z. B. aus Kupfer, bestehen.

5. Die mit 1 gekennzeichnete Platte dient zum Kurzschließen der Messer des Trenners.

033

Welche Aussage über die vierte Sicherheitsregel „Erden und Kurzschließen" ist *falsch*?

(1) Die zum Erden und Kurzschließen verwendete Vorrichtung muss zuerst mit dem zu erdenden Anlagenteil und dann erst mit dem Erder verbunden werden.

(2) Freileitungen – auch solche bis 1 000 V – müssen stets geerdet und kurzgeschlossen werden.

(3) Erdung und Kurzschließung schützen die an der Anlage arbeitenden Personen vor den Gefahren des unbeabsichtigten Wiedereinschaltens.

(4) An Freileitungen müssen alle Leiter, einschließlich Neutralleiter, sowie Schalt- und Steuerdrähte in unmittelbarer Nähe der Arbeitsstelle mindestens kurzgeschlossen werden.

(5) Bei Anlagen bis 1 000 V (Ausnahme: Freileitungen) kann auf Erden und Kurzschließen verzichtet werden, wenn die ersten drei Sicherheitsregeln erfüllt sind.

034

Womit kann in einem Verteilungssystem (3/N/PE ~ 400/230 V 50 Hz) die Spannungsfreiheit einer elektrischen Anlage am zuverlässigsten und ungefährlichsten festgestellt werden?

(1) Mit einem einpoligen Spannungsprüfer

(2) Mit einem zweipoligen Spannungsprüfer

(3) Mit einer Prüflampe, bestehend aus Kunststofffassung und Glühlampe

(4) Mit einem Kupferseil, mit dem die aktiven Teile und der Neutralleiter kurzzeitig überbrückt werden

(5) Mit der durch einen Sicherheitshandschuh geschützten Hand

035

An einer elektrischen Anlage sind von mehreren Personen Arbeiten auszuführen. Was muss vor Beginn der Arbeiten als erste Maßnahme erfolgen?

(1) Bestimmen einer zuverlässigen, mit den Arbeiten und den Gefahren vertraute Aufsichtsperson

(2) Bestimmen eines Zeitpunkts, zu dem die elektrische Anlage als „freigeschaltet" gilt

(3) Prüfen der für die Arbeit erforderlichen Einrichtungen zur Unfallverhütung

(4) Abdecken aller unter Spannung stehender Teile

(5) Freischalten der elektrischen Anlage

036

Welche Bedeutung hat das Warnzeichen?

(1) Warnung vor gefährlicher elektrischer Spannung

(2) Warnung vor einer Gefahrenstelle

(3) Warnung vor Steinschlag

(4) Durchfahrt verboten

(5) Betreten verboten

Unfallverhütung und Arbeitssicherheit

037

Nennen Sie vier notwendige Erste-Hilfe-Maßnahmen, die Sie nach einem Stromunfall durchführen müssen.

Aufgabenlösung 037:

Bewer-tung
(10 bis 0
Punkte)

Ergebnis
037

Punkte

038

In einer Parkgarage befinden sich die abgebildeten Schilder.
Geben Sie die Bedeutung der Schilder an.

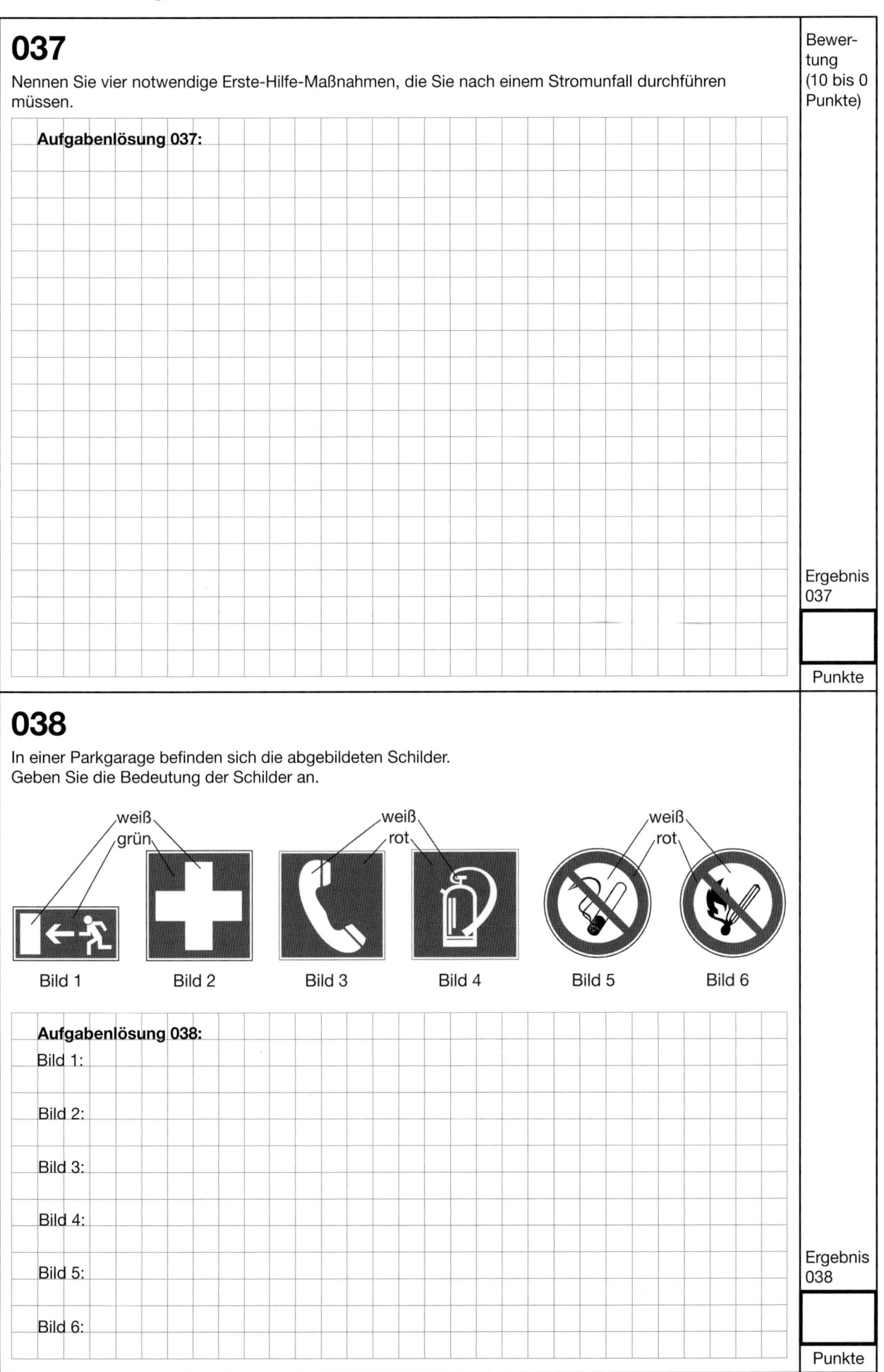

| Bild 1 | Bild 2 | Bild 3 | Bild 4 | Bild 5 | Bild 6 |

Aufgabenlösung 038:

Bild 1:

Bild 2:

Bild 3:

Bild 4:

Bild 5:

Bild 6:

Ergebnis
038

Punkte

039

Zur Unfallverhütung werden häufig Sicherheitsschilder verwendet.
Welche Bedeutung haben die folgenden Sicherheitsfarben bei der Unfallverhütung?
Vervollständigen Sie die Tabelle.

Aufgabenlösung 039:

Farbe	Bedeutung
Rot	
Gelb	
Blau	
Grün	

Bewer-
tung
(10 bis 0
Punkte)

Ergebnis
039

Punkte

040

Nennen Sie vier wesentliche Inhalte einer Betriebsanweisung.

Aufgabenlösung 040:

Ergebnis
040

Punkte

Unfallverhütung und Arbeitssicherheit

041

Bei der Inbetriebnahme einer elektrischen Anlage entdecken Sie einen Fehler. Um diesen Fehler zu beheben, müssen Sie vor dem Arbeitsbeginn Sicherheitsvorkehrungen treffen.
Nennen Sie die fünf Sicherheitsregeln in der richtigen Reihenfolge.

Aufgabenlösung 041:

1.

2.

3.

4.

5.

Ergebnis
041

Punkte

042

Welche Personen haben gemäß DIN VDE 0105-1 Zutritt zu abgeschlossenen elektrischen Betriebsstätten?

Aufgabenlösung 042:

Ergebnis
042

Punkte

043

In der Berufsgenossenschaftlichen Vorschrift für Sicherheit und Gesundheit bei der Arbeit (BGV A3) ist die „Elektrofachkraft für festgelegte Tätigkeiten" beschrieben.
Erläutern Sie den Begriff „festgelegte Tätigkeiten an elektrischen Betriebsmitteln" im Sinne der genannten Vorschrift.

Bewertung (10 bis 0 Punkte)

Aufgabenlösung 043:

Ergebnis 043

Punkte

044

Die Notfallvorrichtungen elektrischer Anlagen sind farblich gekennzeichnet.
Nennen Sie die Farbkennzeichnung für einen NOT-AUS-Schalter.

Aufgabenlösung 044:

Ergebnis 044

Punkte

045

Welcher der mit den Zahlen 1 bis 5 gekennzeichneten Fehler ist richtig bezeichnet?

① Fehler 1: Erdschluss

② Fehler 2: Körperschluss

③ Fehler 3: Körperschluss

④ Fehler 4: Leiterschluss

⑤ Fehler 5: Leiterschluss

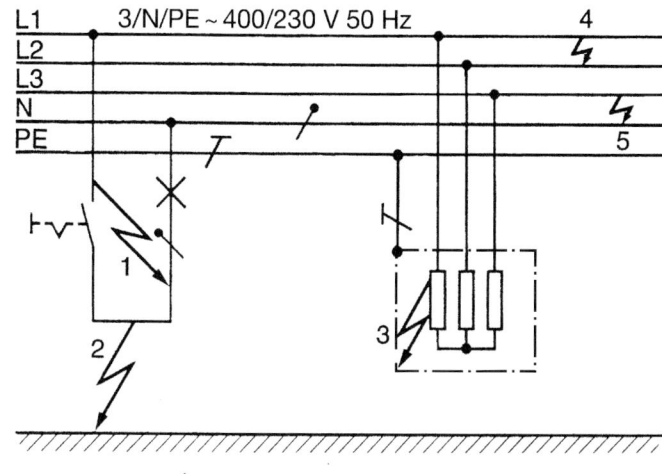

$\frac{L}{2}$ = Symbol für den Fehler

046

Bei der Schutzmaßnahme „Schutz durch nicht leitende
Umgebung" beträgt der mindestens erforderliche Standortübergangswiderstand R_{St} = 50 kΩ. Wie hoch kann dabei
der durch den Menschen fließende Fehlerstrom I_F (in mA)
höchstens werden, wenn die Spannung U_0 = 230 V
beträgt?

① I_F = 4,6 mA

② I_F = 5,7 mA

③ I_F = 6,2 mA

④ I_F = 6,8 mA

⑤ I_F = 8,0 mA

Nebenrechnung Aufgabe 46:

047

Ein Elektriker berührt in einem Verteilungssystem
(3/N/PE ~ 400/230 V 50 Hz) einen Außenleiter gegen
Erde. Sein Körperwiderstand beträgt in diesem Augenblick 1 kΩ und der Übergangswiderstand zur Erde 20 kΩ.
Wie hoch ist die auftretende Berührungsspannung
U_B (in V)?

① U_B = 1 V

② U_B = 11 V

③ U_B = 209 V

④ U_B = 220 V

⑤ U_B = 230 V

Nebenrechnung Aufgabe 47:

Gefahren des elektrischen Stroms

048

Das mit 1 gekennzeichnete Betriebsmittel ist isoliert aufgestellt. Wie hoch ist der Fehlerstrom I_F (in mA), der über den menschlichen Körper fließt?

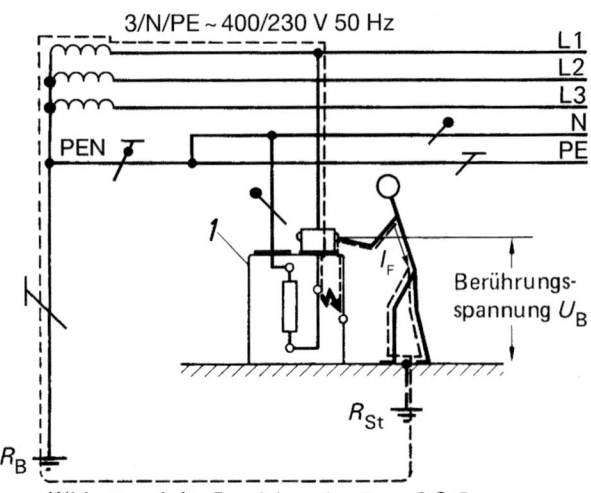

1. $I_F = 177$ mA

2. $I_F = 164$ mA

3. $I_F = 148$ mA

4. $I_F = 96$ mA

5. $I_F = 62$ mA

Widerstand der Betriebserde: $R_B = 0,8\ \Omega$
Widerstand des Standorts des Menschen: $R_{St} = 1,4\ \text{k}\Omega$
Widerstand des menschlichen Körpers: $1,0\ \text{k}\Omega$

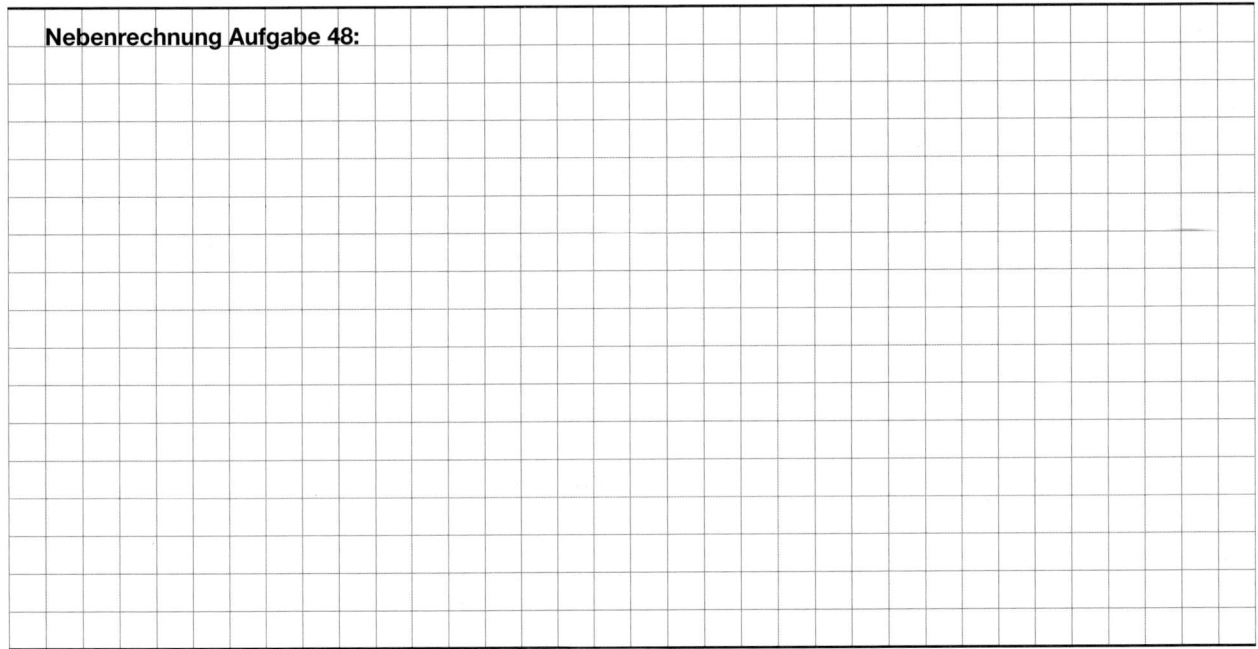

Nebenrechnung Aufgabe 48:

049

Was versteht man unter einem Körperschluss?

Aufgabenlösung 049:

Bewer-
tung
(10 bis 0
Punkte)

Ergebnis
049

Punkte

050

Die DIN VDE 0100 verwendet den Begriff „Fehlerschutz" (Schutz bei indirektem Berühren).
Erklären Sie diesen Begriff.

Aufgabenlösung 050:

Ergebnis
050

Punkte

051

Geben Sie jeweils die für Menschen (nach BGV A3) höchstzulässige Berührungsspannung U_B (in V) an.

Aufgabenlösung 051:

AC:

DC:

Ergebnis
051

Punkte

Gefahren des elektrischen Stroms

052

Nennen Sie drei Fehlerarten, die in elektrischen Anlagen auftreten können.
Erklären Sie zwei davon ausführlicher.

Aufgabenlösung 052:

Ergebnis 052

Punkte

053

Beim Schutz gegen elektrischen Schlag nach DIN VDE 0100-410 wird zwischen dem Basisschutz und dem Fehlerschutz unterschieden.

1. Erklären Sie den Begriff „Basisschutz".

2. Erklären Sie den Begriff „Fehlerschutz".

Aufgabenlösung 053:

1.

2.

Ergebnis 053

Punkte

054

Nennen Sie drei Einflussgrößen, die bei der Gefährdung des Menschen durch elektrischen Strom eine Rolle spielen.

Aufgabenlösung 054:

Ergebnis
054

Punkte

055

Wechselspannungen über 50 V können bei Berührung lebensgefährliche Ströme im menschlichen Körper verursachen.

Nennen Sie drei physiologische Wirkungen des elektrischen Stroms auf den menschlichen Körper.

Aufgabenlösung 055:

Ergebnis
055

Punkte

056

Welche Aufgabe haben Sicherungen in elektrischen Stromkreisen?

Aufgabenlösung 056:

Ergebnis
056

Punkte

Gefahren des elektrischen Stroms

057

Bei einem Fehler in einer elektrischen Anlage kann es kurzzeitig zu einem Stromfluss durch den menschlichen Körper kommen. Mögliche Folgen von 50-Hz-Wechselströmen für den Menschen sind im Diagramm dargestellt.

Welche Wirkung kann ein Strom mit einer Stärke von 0,1 A auf eine Person haben, wenn er 1 s lang fließt?

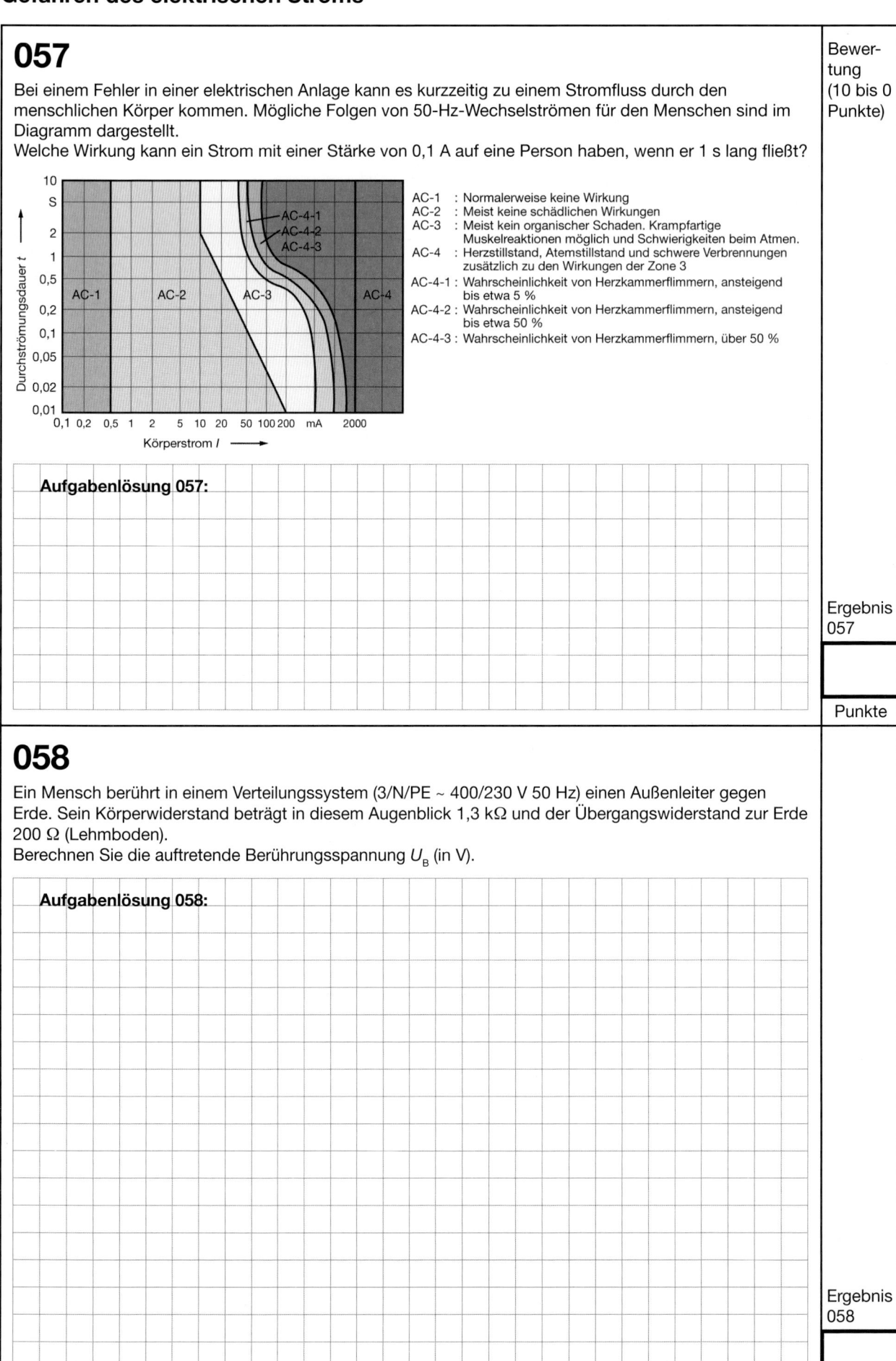

AC-1 : Normalerweise keine Wirkung
AC-2 : Meist keine schädlichen Wirkungen
AC-3 : Meist kein organischer Schaden. Krampfartige Muskelreaktionen möglich und Schwierigkeiten beim Atmen.
AC-4 : Herzstillstand, Atemstillstand und schwere Verbrennungen zusätzlich zu den Wirkungen der Zone 3
AC-4-1 : Wahrscheinlichkeit von Herzkammerflimmern, ansteigend bis etwa 5 %
AC-4-2 : Wahrscheinlichkeit von Herzkammerflimmern, ansteigend bis etwa 50 %
AC-4-3 : Wahrscheinlichkeit von Herzkammerflimmern, über 50 %

Aufgabenlösung 057:

Ergebnis 057

Punkte

058

Ein Mensch berührt in einem Verteilungssystem (3/N/PE ~ 400/230 V 50 Hz) einen Außenleiter gegen Erde. Sein Körperwiderstand beträgt in diesem Augenblick 1,3 kΩ und der Übergangswiderstand zur Erde 200 Ω (Lehmboden).
Berechnen Sie die auftretende Berührungsspannung U_B (in V).

Aufgabenlösung 058:

Ergebnis 058

Punkte

059

Durch einen Isolationsfehler im Drehstrommotor -M1 kommt es zu einem Körperschluss.

1. Berechnen Sie den Körperwiderstand R_k (in Ω) des Menschen, wenn er sich wie im Bild dargestellt zusammensetzt.

2. Berechnen Sie den Strom I (in A), der durch den Widerstand R_3 fließt.

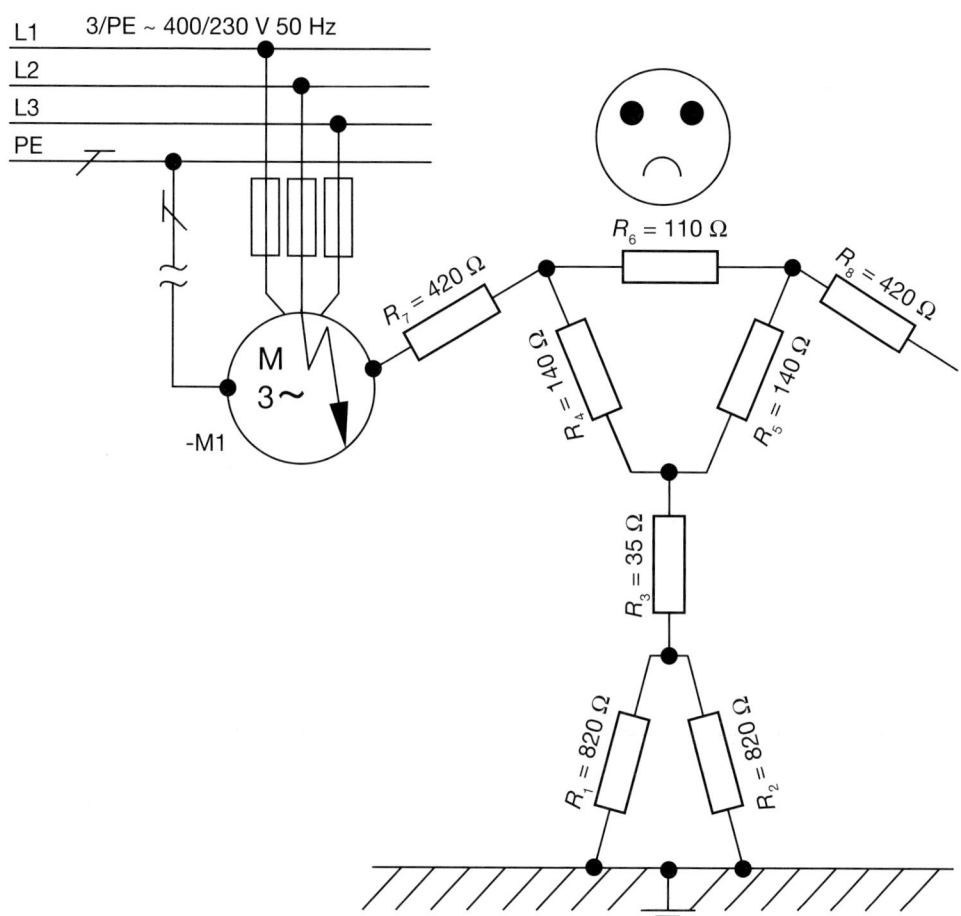

L1   3/PE ~ 400/230 V 50 Hz
L2
L3
PE

M 3~

-M1

$R_7 = 420\ \Omega$

$R_6 = 110\ \Omega$

$R_8 = 420\ \Omega$

$R_4 = 140\ \Omega$

$R_5 = 140\ \Omega$

$R_3 = 35\ \Omega$

$R_1 = 820\ \Omega$

$R_2 = 820\ \Omega$

Aufgabenlösung 059:

1.

2.

Ergebnis
059

Punkte

060

Welche Aussage nach DIN VDE 0100-410 (Juni 2007) trifft im Fehlerfall *nicht* auf die Schutzmaßnahme „Automatische Abschaltung der Stromversorgung" zu?

(1) In jedem Stromkreis muss ein Schutzleiter vorhanden sein.

(2) Die Begriffe „Schutzerdung" und „Schutzpotenzialausgleich über die Haupterdungsschiene" wurden eingeführt.

(3) Ein Endstromkreis ist ein Stromkreis, der die Unterverteilung direkt einspeist.

(4) Ein zusätzlicher Schutzpotenzialausgleich gilt als zusätzlicher Schutz.

(5) Die maximale Abschaltzeit für Endstromkreise im TN-System mit einem Nennstrom von $I \leq 32$ A beträgt bei $U = 230$ V $t \leq 0,4$ s.

061

Welche der aufgeführten Schutzmaßnahmen dient dem Schutz gegen elektrischen Schlag unter normalen Bedingungen?

(1) Fehlerstrom-Schutzeinrichtung (RCD 0,3 A)

(2) Leitungsschutzschalter

(3) Isolierung aktiver Teile

(4) Feinsicherung

(5) Fehlerstrom-Schutzeinrichtung (RCD 0,1 A)

062

Welche Aussage zur Fehlerstrom-Schutzeinrichtung (RCD) ist richtig?

(1) Der Auslösewert der RCD muss zwischen 50 % und 100 % des Bemessungsdifferenzstroms liegen.

(2) Der Auslösewert der RCD muss exakt 100 % des Bemessungsdifferenzstroms betragen.

(3) Der Auslösewert der RCD muss zwischen 25 % und 75 % des Bemessungsdifferenzstroms liegen.

(4) Die zulässige Berührungsspannung darf überschritten werden, wenn die RCD bei 50 % des Bemessungsdifferenzstroms auslöst.

(5) Im TT-System dürfen keine RCDs verwendet werden.

063

Was ist eine „**R**esidual **C**urrent protective **D**evice"?

(1) Leitungsschutzschalter

(2) Überstromschutz

(3) Überspannungsschutz

(4) Niederspannungssicherung

(5) Fehlerstrom-Schutzeinrichtung

064

Dürfen Sie eine RCD des Typs B gegen eine RCD des Typs A austauschen?

(1) Der Austausch ist möglich, da eine RCD Typ A die gleichen Fehlerströme wie eine RCD Typ B erfassen kann.

(2) Der Austausch darf nicht erfolgen, da die RCD Typ A erst bei höheren Fehlerströmen auslöst als die RCD Typ B.

(3) Ein Austausch ist immer möglich, weil die RCD Typ A neben sinusförmigen Wechselfehlerströmen und pulsierenden Gleichfehlerströmen auch zur Erfassung von glatten Gleichfehlerströmen geeignet ist.

(4) Der Einsatz der RCD Typ A ist möglich, wenn keine glatten Gleichfehlerströme in dem abgesicherten Anlagenteil auftreten.

(5) Alle RCD-Typen können untereinander ausgetauscht werden, wenn die Montagesituation dies zulässt.

065

Welche Bedeutung hat das abgebildete Symbol auf einer RCD?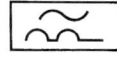

(1) Die RCD erfasst nur sinusförmige Wechselfehlerströme.

(2) Die RCD erfasst nur pulsierende Gleichfehlerströme.

(3) Die RCD erfasst nur geglättete Gleichfehlerströme.

(4) Die RCD erfasst Wechselfehlerströme und geglättete Gleichfehlerströme.

(5) Die RCD erfasst Wechselfehlerströme und pulsierende Gleichfehlerströme.

Kopieren und jede Form der Vervielfältigung oder Reproduktion nicht gestattet.

25

Schutzmaßnahmen – Schutz gegen elektrischen Schlag

066

In einer elektrischen Anlage ist als Schutzmaßnahme gegen elektrischen Schlag die Schutztrennung mit zwei Betriebsmitteln ausgeführt.
Welche der genannten Ergänzungen muss noch vorgenommen werden?

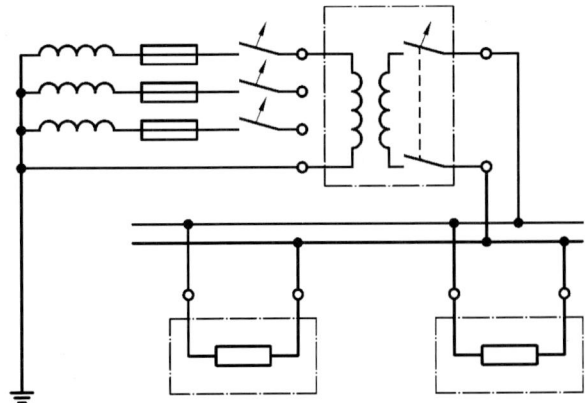

1. Die Gehäuse der Betriebsmittel müssen geerdet werden.

2. Die Gehäuse der Betriebsmittel müssen schutzisoliert sein.

3. Die Gehäuse der Betriebsmittel müssen an den PE des vorgeschalteten Verteilungssystems angeschlossen werden.

4. Die Gehäuse der Betriebsmittel müssen mit einer Potenzialausgleichsleitung verbunden werden.

5. Die Gehäuse der Betriebsmittel müssen an den Neutralleiter angeschlossen werden.

067

Welche Behauptung über die Schutzmaßnahme „Schutz durch Hindernisse" ist *falsch*?

1. Es handelt sich um eine Schutzmaßnahme gegen direktes Berühren aktiver Teile.

2. Hindernisse bieten nur einen teilweisen Schutz gegen direktes Berühren.

3. Hindernisse müssen nur das zufällige Berühren aktiver Teile verhindern, nicht jedoch die absichtliche Umgehung des Hindernisses.

4. Als Hindernisse werden z. B. Schutzleisten, Geländer und Gitterwände eingesetzt.

5. Hindernisse dürfen sich nur mit Werkzeug oder Schlüsseln entfernen lassen.

068

Welche Behauptung über den Basisschutz (Schutz gegen direktes Berühren) aktiver Teile durch Anordnung außerhalb des Handbereichs (Abstand) ist *falsch*?

1. Der Schutz wird dadurch sichergestellt, dass sich im Handbereich keine gleichzeitig berührbaren Teile unterschiedlichen Potenzials befinden dürfen.

2. Die in den DIN-VDE-Normen angegebenen Mindestabstände müssen vergrößert werden, wenn üblicherweise lange und sperrige leitfähige Gegenstände gehandhabt werden.

3. Durch Anordnung außerhalb des Handbereichs wird nur ein teilweiser Schutz gegen direktes Berühren erreicht.

4. Der Schutz durch Anordnung außerhalb des Handbereichs ist bei allen elektrischen Anlagen und Betriebsmitteln zulässig.

5. Der Schutz durch Anordnung außerhalb des Handbereichs wird beispielsweise bei Freileitungen, Fahrleitungen und Schleifleitungen von Kranen angewendet.

069

Welche der genannten Maßnahmen zum Basisschutz (Schutz gegen direktes Berühren) ist nur als Ergänzung zu anderen Schutzmaßnahmen zulässig?

1. Schutz durch Isolierung aktiver Teile

2. Schutz durch Abdeckungen und Umhüllungen

3. Schutz durch Hindernisse

4. Schutz durch Anordnung außerhalb des Handbereichs (Abstand)

5. Schutz durch eine Fehlerstrom-Schutzeinrichtung (RCD)

070

In welchem Fall schaltet eine Fehlerstrom-Schutzeinrichtung (RCD) mit $I_{\Delta N} = 30$ mA einen Stromkreis ab?

1. Wenn in der Zuleitung ein Strom höher 30 mA fließt

2. Wenn ein längerfristiger Überlaststrom auftritt

3. Wenn im N-Leiter ein Strom höher 30 mA fließt

4. Wenn im Schutzleiter ein Strom höher 30 mA fließt

5. Wenn ein Kurzschluss zwischen L1 und N auftritt

071

In welchem der beschriebenen Fälle löst eine Fehlerstrom-Schutzeinrichtung (RCD) mit $I_{\Delta N}$ = 30 mA *nicht* aus?

1. Eine Person berührt L1 und steht dabei mit feuchtem Schuhwerk auf einem gut leitenden Fußboden.

2. Eine Person berührt L1 und die geerdete Wasserleitung.

3. Eine Person berührt L1 und PE.

4. Eine Person berührt das Gehäuse eines Betriebsmittels der Schutzklasse I mit Körperschluss (Schutzleiter unterbrochen) und steht dabei mit feuchtem Schuhwerk auf einem gut leitenden Fußboden.

5. Eine Person berührt L1 und N und steht dabei auf einem isolierenden Fußboden.

072

Eine Fehlerstrom-Schutzeinrichtung (RCD) ist mit den abgebildeten Symbolen gekennzeichnet. Welche Behauptung ist richtig?

1. Die RCD löst bei Wechsel- und bei pulsierenden Gleichfehlerströmen aus.

2. Die RCD hat eine Lebensdauer von etwa 6000 Schaltungen.

3. Die RCD löst bei Stromstößen von 6 kA aus.

4. Die RCD ist auch zum Schutz von Leitungen gegen zu hohe Erwärmung geeignet.

5. Die RCD muss an einen Schutzleiter angeschlossen werden, der einen Gesamtwiderstand von 6 kΩ nicht überschreiten darf.

073

Welche Fehlerstrom-Schutzeinrichtung (RCD) muss in einer Anlage eingebaut werden, wenn ein Personenschutz gefordert ist?

1. Bemessungsstrom: 40 A, Bemessungsdifferenzstrom: 0,03 A

2. Bemessungsstrom: 63 A, Bemessungsdifferenzstrom: 0,5 A

3. Bemessungsstrom: 40 A, Bemessungsdifferenzstrom: 0,5 A

4. Bemessungsstrom: 63 A, Bemessungsdifferenzstrom: 0,3 A

5. Bemessungsstrom: 25 A, Bemessungsdifferenzstrom: 0,3 A

074

In welchem der genannten Fälle wird die Funktionskleinspannung (PELV) angewendet?

1. Wenn die Nennspannung 50 V Wechselspannung überschreitet

2. Wenn die Nennspannung 120 V Gleichspannung überschreitet

3. Wenn der Kleinspannungsstromkreis aus Funktionsgründen geerdet sein muss

4. Wenn auf einen Berührungsschutz verzichtet werden muss

5. Wenn die Kleinspannung durch Einrichtungen wie Spartransformatoren, Potenziometer oder Halbleiterbauelemente erzeugt wird

075

Welche der genannten Stromquellen ist für die Erzeugung einer Schutzkleinspannung (SELV) *nicht* zugelassen?

1. Sicherheitstransformatoren

2. Akkumulatoren

3. Primärelemente

4. Elektronische Geräte, bei denen auch bei einem Fehler die Spannung zwischen den Ausgangsklemmen und gegen Erde nicht größer als 50 V Wechselspannung oder 120 V Gleichspannung werden kann

5. Spartransformatoren

076

Welche Höchstwerte darf die Nennspannung bei der Schutzmaßnahme Schutzkleinspannung (SELV) *nicht* überschreiten?

	Wechselspannung	Gleichspannung
1	25 V	50 V
2	50 V	50 V
3	42 V	65 V
4	50 V	120 V
5	65 V	120 V

Kopieren und jede Form der Vervielfältigung oder Reproduktion nicht gestattet.

27

Schutzmaßnahmen – Schutz gegen elektrischen Schlag

077

Für welche der genannten Betriebsmittel ist die Schutzmaßnahme Schutzkleinspannung (SELV) zwingend
vorgeschrieben?

1. Elektromotorisch angetriebenes Spielzeug

2. Schweißtransformatoren

3. Elektromedizinische Geräte

4. Elektrospeicherheizungen in Wohnräumen

5. Durchlauferhitzer in Duschräumen

078

Welches Symbol kennzeichnet einen Transformator, der
für die Schutzmaßnahme Schutzkleinspannung (SELV)
verwendet werden darf?

1. ☐

2. (Symbol)

3. ◇

4. (50 V)

5. (⊟)

079

Die Abbildung zeigt die
Schutzmaßnahme Schutz-
kleinspannung (SELV).
Wodurch könnte sich die
Sekundärspannung unzu-
lässig erhöhen?

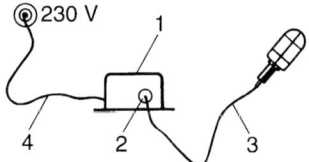

1. Durch einen Isolationsfehler zwischen der Primär-
und der Sekundärwicklung des Transformators 1

2. Durch einen Windungsschluss in der Sekundärwicklung des Transformators 1

3. Durch einen Erdschluss in der mit 4 gekennzeichneten Leitung

4. Durch einen Erdschluss in der mit 3 gekennzeichneten Leitung

5. Durch einen Kurzschluss in der mit 3 gekennzeichneten Leitung

080

Womit kann eine Schutzkleinspannung (SELV) erzeugt
werden?

1. Spannungsteiler

2. Brückenschaltung

3. Sicherheitstransformator

4. Schutzwiderstand

5. Spartransformator

081

Welche der Bilder zeigen Spannungsquellen, die für die
Erzeugung einer Schutzkleinspannung (SELV) zulässig
sind?

1. Die Bilder 1 und 2

2. Die Bilder 2, 4 und 5

3. Die Bilder 1, 2 und 3

4. Die Bilder 1, 2, 4 und 5

5. Die Bilder 1 bis 5

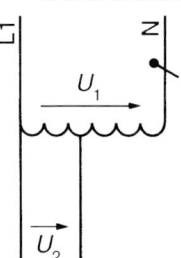

Bild 1

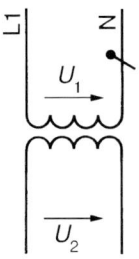

Bild 2

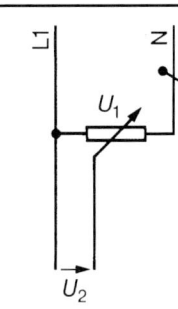

Bild 3

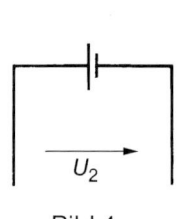

Bild 4

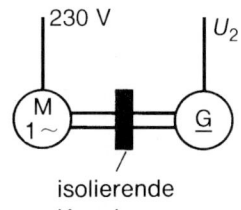

isolierende
Kupplung

Bild 5

082

Welche Folge hat es, wenn der Schutzleiter eines Elektrogeräts (Schutzklasse I) unterbrochen wird?

1. Bei Körperschluss kann am Gehäuse des Geräts eine gefährliche Berührungsspannung auftreten.

2. Die Sicherung des Stromkreises spricht an.

3. Das Elektrogerät funktioniert nicht mehr.

4. Alle Metallgehäuse von Elektrogeräten, die am gleichen Stromkreis angeschlossen sind, können unter Spannung stehen.

5. Das Elektrogerät ist nicht mehr gegen Überlastung geschützt.

083

Für die Schutzmaßnahme „Schutz durch automatische Abschaltung der Stromversorgung" dürfen Fehlerstrom-Schutzeinrichtungen (RCDs) oder Überstrom-Schutzeinrichtungen verwendet werden. Welchen Vorteil hat die RCD gegenüber einer Überstrom-Schutzeinrichtung?

1. Der Installationsaufwand für die Schaltgeräte ist geringer.

2. Die Installation ist einfacher, weil kein Schutzleiter benötigt wird.

3. Die durchgehende elektrische Verbindung des Schutzleiters im Verteilungssystem kann jederzeit mit der Prüftaste überprüft werden.

4. Die RCD schaltet auch bei kleinen Fehlerströmen ab.

5. Die RCD spricht auch bei einer Schutzleiterunterbrechung sofort an.

084

Der PEN-Leiter wird an der mit 1 gekennzeichneten Stelle durch eine Beschädigung unterbrochen. Welche Aussage ist richtig?

1. Durch den Leiterbruch wird die Schutzmaßnahme nicht aufgehoben.

2. Unabhängig von der Schaltstellung des Schalters -Q1 erhält der Mensch einen gefährlichen elektrischen Schlag.

3. Wird der Schalter -Q1 geschlossen, dann funktioniert das Gerät -E1 nicht, weitere Folgen treten nicht auf.

4. Tritt im Motor -M1 ein Körperschluss auf, dann wird die Berührungsspannung trotz des Leiterbruchs abgeschaltet.

5. Wird der Schalter -Q1 geschlossen, liegt zwischen dem Gehäuse des Motors -M1 und dem Standort eine gefährliche Berührungsspannung.

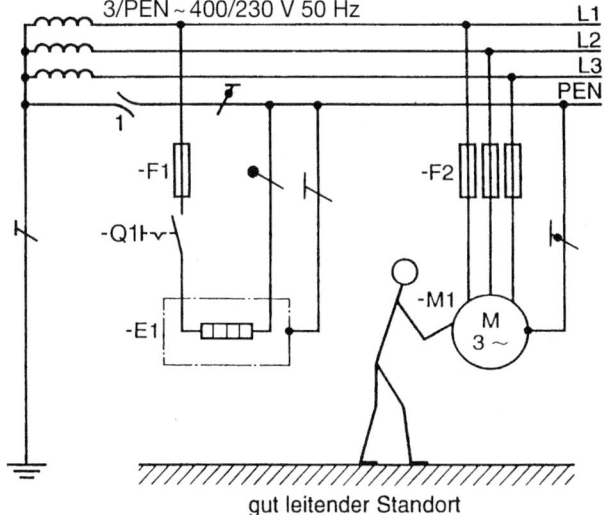

gut leitender Standort

085

In der abgebildeten elektrischen Anlage werden die Körper der beiden Leuchten gleichzeitig berührt. Welche Behauptung ist richtig, wenn die eingezeichneten Fehler auftreten?

1. Es besteht keine Gefahr, obwohl die Spannung U_F = 230 V beträgt.

2. Es besteht Gefahr, weil die ungeerdeten Potenzialausgleichsleiter fehlen.

3. Es besteht keine Gefahr, weil es sich um die Schutzmaßnahme Schutztrennung handelt.

4. Es besteht Gefahr, obwohl die Spannung U_F = 0 V beträgt.

5. Es besteht keine Gefahr, weil die Leuchten durch die Sicherungen -F1 und -F2 abgesichert sind.

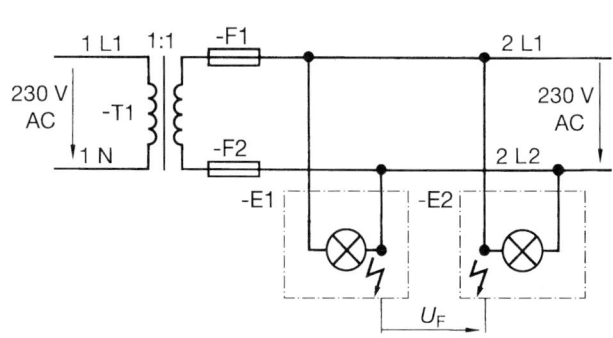

Schutzmaßnahmen – Schutz gegen elektrischen Schlag

086

In dem abgebildeten Elektrowerkzeug kommt es zum Körperschluss.
Welche Behauptung ist richtig?

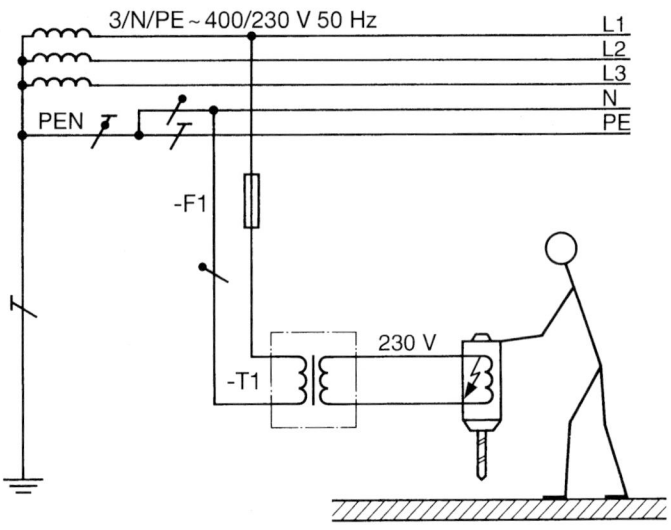

3/N/PE ~ 400/230 V 50 Hz

(1) Die mit -F1 gekennzeichnete Sicherung löst aus.

(2) Tritt ein weiterer Fehler im Sekundärstromkreis auf, kann ein gefährlicher Körperstrom fließen.

(3) Der Körperschluss führt zur Funktionsstörung des Elektrowerkzeugs.

(4) Durch den Menschen fließt ein gefährlicher Strom.

(5) Die Spannung des Sekundärstromkreises geht fast auf Null zurück.

087

Unter welcher Voraussetzung müssen bei Anwendung der Schutzmaßnahme „Schutztrennung" bewegliche Anschlussleitungen sichtbar angeordnet sein?

(1) Wenn die Nennspannung höher als 230 V ist

(2) Wenn mehr als ein Betriebsmittel an die Stromversorgung angeschlossen ist

(3) Wenn die Leitungen an den entsprechenden Stellen mechanischen Beanspruchungen ausgesetzt sind

(4) Wenn der Standort des Benutzers metallisch leitend ist

(5) Wenn ortsfeste, nicht schutzisolierte Transformatoren zur Stromversorgung verwendet werden

088

Welche Schutzmaßnahme gegen gefährliche Körperströme bei Fehlerschutz (indirektem Berühren) kann unabhängig vom Verteilungssystem überall angewandt werden?

(1) Überspannungs-Schutzeinrichtung

(2) Überstrom-Schutzeinrichtung

(3) Isolationsüberwachungseinrichtung

(4) Fehlerspannungs-Schutzeinrichtung

(5) Schutztrennung

089

Welche Aussage über die Schutzmaßnahme Schutztrennung ist richtig?

(1) Ortsveränderliche Trenntransformatoren müssen mit dem Symbol ⟨|||⟩ gekennzeichnet sein.

(2) Werden ortsveränderliche Trenntransformatoren verwendet, dann müssen diese schutzisoliert sein.

(3) Für den beweglichen Anschluss des Betriebsmittels ist mindestens eine Leitung vom Typ H05VV zu verwenden.

(4) Diese Schutzmaßnahme ist nur in Verteilungssystemen mit Nennspannungen bis 230 V zulässig.

(5) Ist die Schutztrennung zwingend vorgeschrieben, dürfen nicht mehr als drei Betriebsmittel an die Stromquelle angeschlossen werden.

090

Welche Aufgabe hat ein Trenntransformator?

(1) Er soll das Betriebsmittel so vom Netz trennen, dass wahlweise eine der beiden spannungsführenden Leitungen geerdet werden kann.

(2) Er soll das Betriebsmittel wahlweise mit einer Wechselspannung versorgen, die höher oder niedriger als die Nennspannung des Netzes ist.

(3) Er soll das Betriebsmittel so vom Netz trennen, dass zwischen keiner der beiden spannungsführenden Leitungen und der Erde eine Spannung auftritt.

(4) Er soll verhindern, dass an den Netzeingang eines Betriebsmittels (mit Netztransformator) eine Gleichspannung gelangen kann.

(5) Er soll die im Netz auftretenden Spannungsschwankungen kurzzeitig ausgleichen.

091

In einer Werkstatt ist ein Arbeitsplatz entsprechend dem abgebildeten Schaltplan aufgebaut. Wie hoch ist die Spannung, die zwischen den Punkten 1 und 2 gemessen wird?

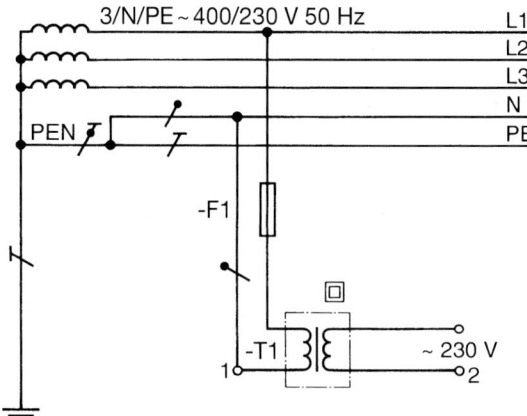

(1) ≈ 400 V

(2) ≈ 230 V

(3) ≈ 115 V

(4) ≈ 50 V

(5) ≈ 0 V

092

Das mit 1 gekennzeichnete Betriebsmittel ist isoliert aufgestellt. Wie hoch ist die Berührungsspannung U_B (in V), wenn der Standortübergangswiderstand R_{St} = 50 kΩ beträgt?

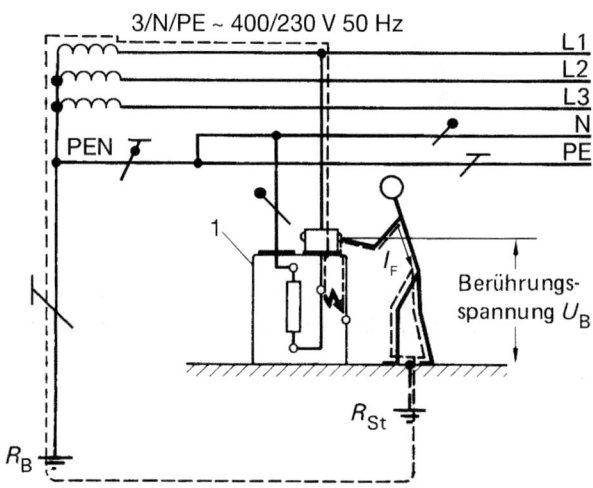

(1) U_B = 18,3 V

(2) U_B = 12,2 V

(3) U_B = 10,1 V

(4) U_B = 5,8 V

(5) U_B = 3,6 V

Widerstand der Betriebserde: R_B = 0,8 kΩ
Widerstand des menschlichen Körpers: 1,3 kΩ

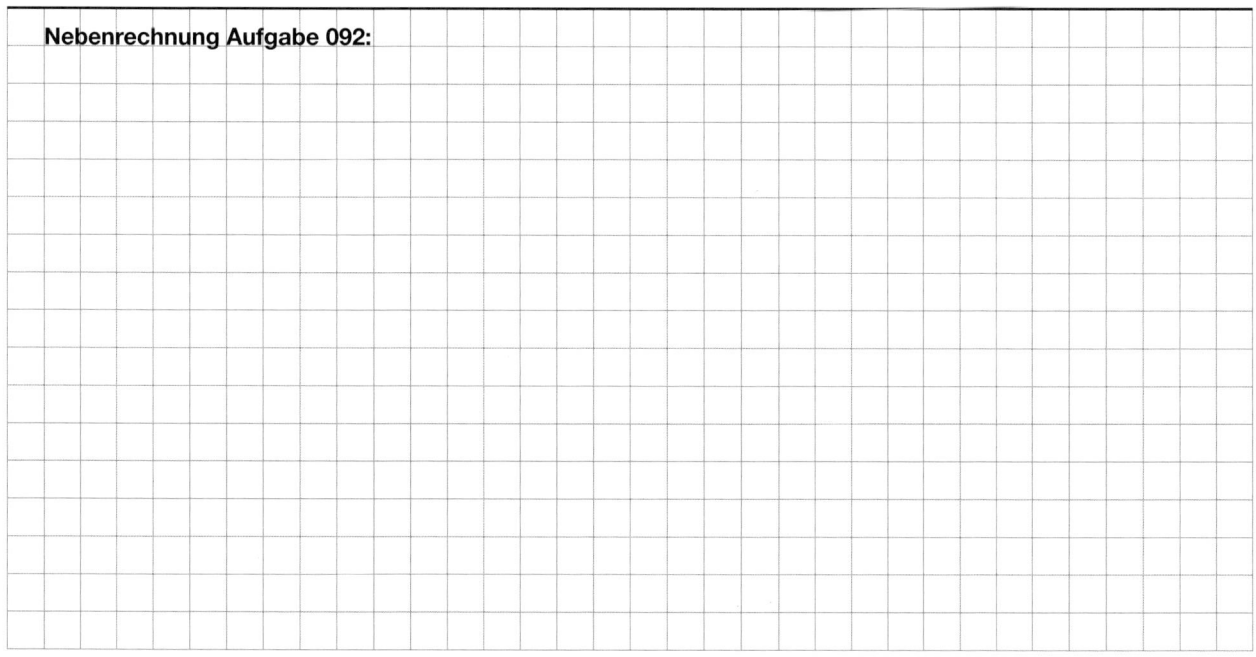

Nebenrechnung Aufgabe 092:

Schutzmaßnahmen – Schutz gegen elektrischen Schlag

093

In einer elektrischen Anlage wird ein Stromkreis mit einem Leitungsschutzschalter Typ B16 abgesichert.
Der Strom I_F, der bei einem Isolationsfehler mindestens fließen muss, beträgt 80 A. Wie hoch darf die Schleifenimpedanz Z_S (in Ω) im TN-S-System mit Überstrom-Schutzeinrichtung bei 400/230 V höchstens sein?

(1) $Z_S =$ 0,6 Ω

(2) $Z_S =$ 2,8 Ω

(3) $Z_S =$ 3,1 Ω

(4) $Z_S =$ 5,0 Ω

(5) $Z_S =$ 14,4 Ω

Nebenrechnung Aufgabe 093:

094

Bei geöffnetem Schalter zeigt der Spannungsmesser eine Spannung von U = 226 V an. Wird der Schalter geschlossen, sinkt die Spannung auf U = 220 V und der Strommesser zeigt einen Strom von I = 50 A an.
Wie hoch ist die Schleifenimpedanz Z_S (in Ω)?

(1) $Z_S =$ 0,12 Ω

(2) $Z_S =$ 1,10 Ω

(3) $Z_S =$ 3,00 Ω

(4) $Z_S =$ 4,40 Ω

(5) $Z_S =$ 4,52 Ω

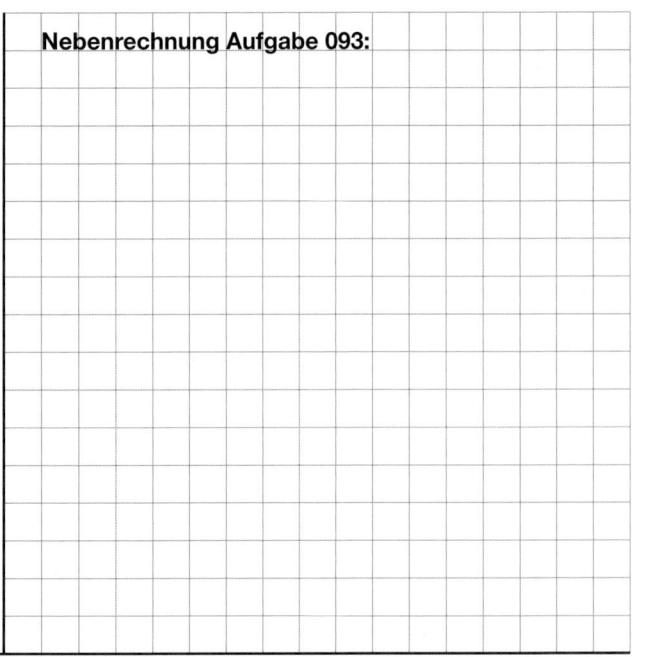

3/N/PE ~ 400/230 V 50 Hz
L1
L2
L3
PEN
N
PE

Nebenrechnung Aufgabe 094:

095

In einer elektrischen Anlage (3/N/PE ~ 400/230 V 50 Hz) wird eine Schleifenimpedanz von $Z_S = 3{,}5\ \Omega$ ermittelt. Wie hoch ist der Strom I (in A), der bei einem vollständigen Körperschluss fließt?

- (1) $I \approx 19\ \text{A}$
- (2) $I \approx 66\ \text{A}$
- (3) $I \approx 77\ \text{A}$
- (4) $I \approx 114\ \text{A}$
- (5) $I \approx 133\ \text{A}$

Nebenrechnung Aufgabe 095:

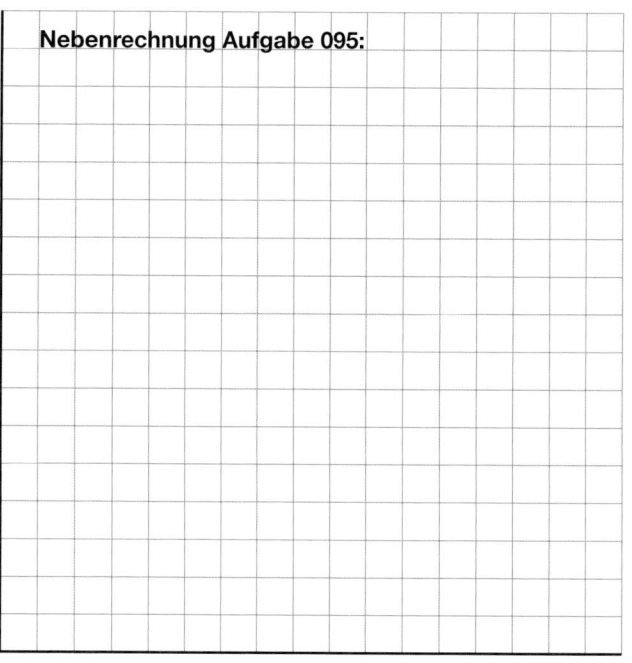

Schutzmaßnahmen – Schutz gegen elektrischen Schlag

096

Nennen Sie zwei mögliche Schutzmaßnahmen im TN-C-S-System, die den Fehlerschutz (Schutz bei indirektem Berühren) gewährleisten.

Aufgabenlösung 096:

097

Nennen Sie zwei Vorkehrungen für den Basisschutz (Schutz gegen direktes Berühren).

Aufgabenlösung 097:

098

Welchem Zweck dient die Isolierung elektrischer Geräte der Schutzklasse II?

Aufgabenlösung 098:

099

Erklären Sie die Schutzmaßnahme „Schutztrennung".

Aufgabenlösung 099:

Ergebnis 099

Punkte

100

Welche Aufgabe hat der Summenstromwandler in einer Fehlerstrom-Schutzeinrichtung (RCD)?

Aufgabenlösung 100:

Ergebnis 100

Punkte

101

Nennen Sie zwei elektrische Größen, nach denen eine Fehlerstrom-Schutzeinrichtung (RCD) auszuwählen ist.

Aufgabenlösung 101:

Ergebnis 101

Punkte

Schutzmaßnahmen – Schutz gegen elektrischen Schlag

102

Geben Sie die Bedeutung der geforderten Größen und Symbole an, die sich auf der RCD befinden.

Aufgabenlösung 102:

40 _____

0,03 _____

_____

IP20 _____

_____

Ergebnis
102

Punkte

103

1. Wozu dient die Prüftaste einer Fehlerstrom-Schutzeinrichtung (RCD)?

2. In welchen zeitlichen Abständen muss die Prüftaste einer RCD auf Baustellen mindestens betätigt werden?

3. In welchen zeitlichen Abständen muss eine RCD auf Baustellen durch Messung überprüft werden?

Aufgabenlösung 103:

1.

2.

3.

Ergebnis
103

Punkte

104

Eine Fehlerstrom-Schutzeinrichtung (RCD) dient dem Schutz von Personen, Nutztieren und Sachwerten.
Erläutern Sie das Funktionsprinzip einer RCD.

Aufgabenlösung 104:

Ergebnis
104

Punkte

105

Dargestellt ist ein Fehlerstromkreis mit der Schutz-
maßnahme Schutzkleinspannung (SELV).
Begründen Sie, warum bei Berührung des
Gehäuses eine Gefahr besteht.

Aufgabenlösung 105:

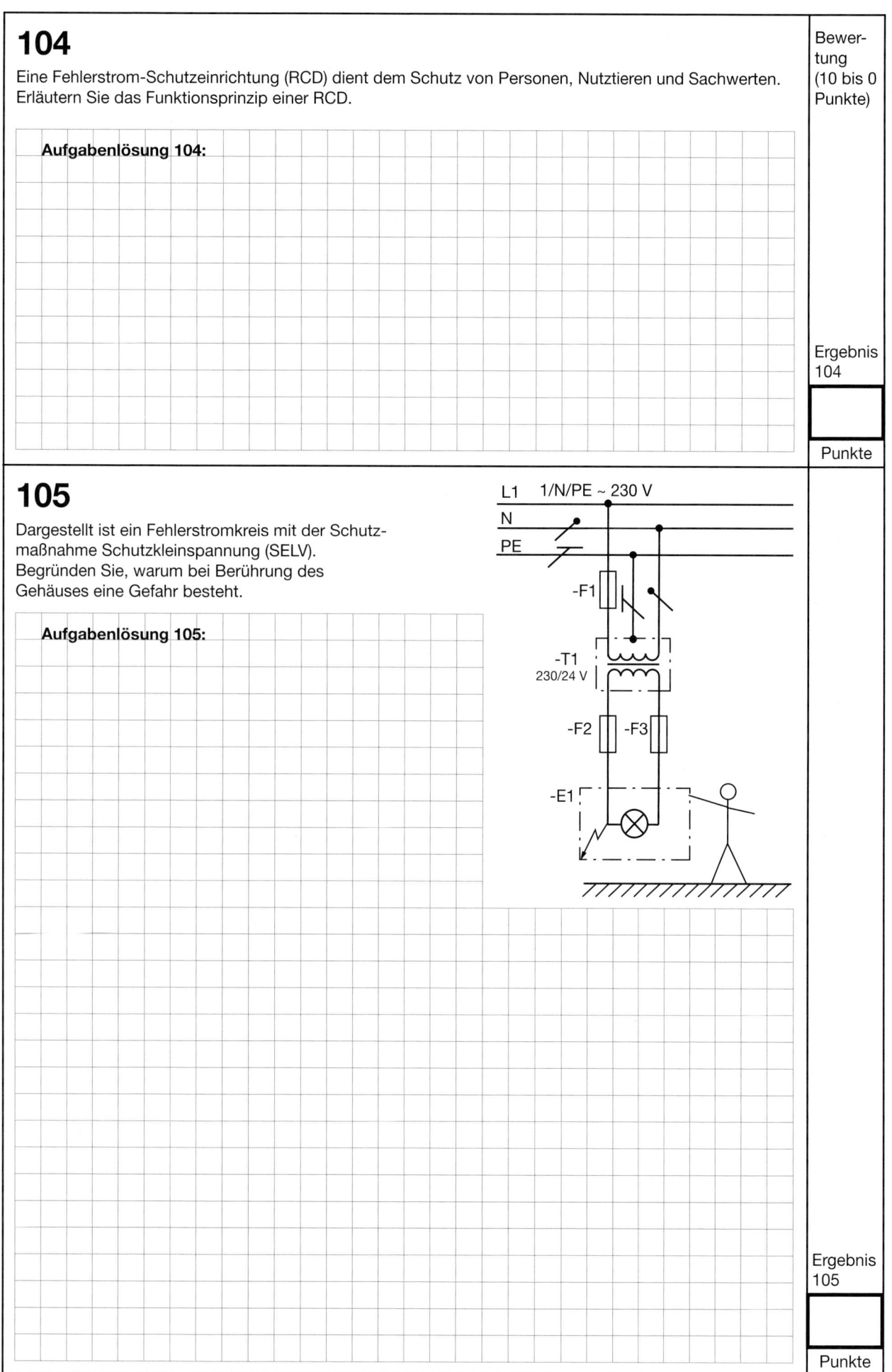

Ergebnis
105

Punkte

Kopieren und jede Form der Vervielfältigung oder Reproduktion nicht gestattet.

37

Schutzmaßnahmen – Schutz gegen elektrischen Schlag

106

Welche Aufgabe hat der Passeinsatz von Schmelzsicherungen?

Aufgabenlösung 106:

107

An einer Schutzkontaktsteckdose wird eine Schleifenimpedanz von $Z_s = 1,88\ \Omega$ ermittelt.
Die Schutzkontaktsteckdose ist mit einem Leitungsschutzschalter vom Typ B16 ($I_a = 5 \cdot I_N$) abgesichert.
Es wird ein Betriebsmittel mit einer Gummischlauchleitung $3 \times 1,5\ mm^2$ angeschlossen.
Ab welcher Leitungslänge l (in m) ist ein ausreichender Schutz vor Bestehenbleiben einer zu hohen
Berührungsspannung *nicht* mehr gegeben?

Aufgabenlösung 107:

108

In einem Stromkreis wird eine Schleifenimpedanz von $Z_s = 2,3\ \Omega$ ermittelt.

1. Wie hoch ist der Kurzschlussstrom I_k (in A) bei einer Netzspannung von $U_0 = 230$ V?

2. Beurteilen Sie den Einsatz einer Leitungsschutzsicherung mit einem Bemessungsstrom von $I_n = 16$ A, wenn die Auslösezeit $t_a \leq 0,4$ s betragen muss.

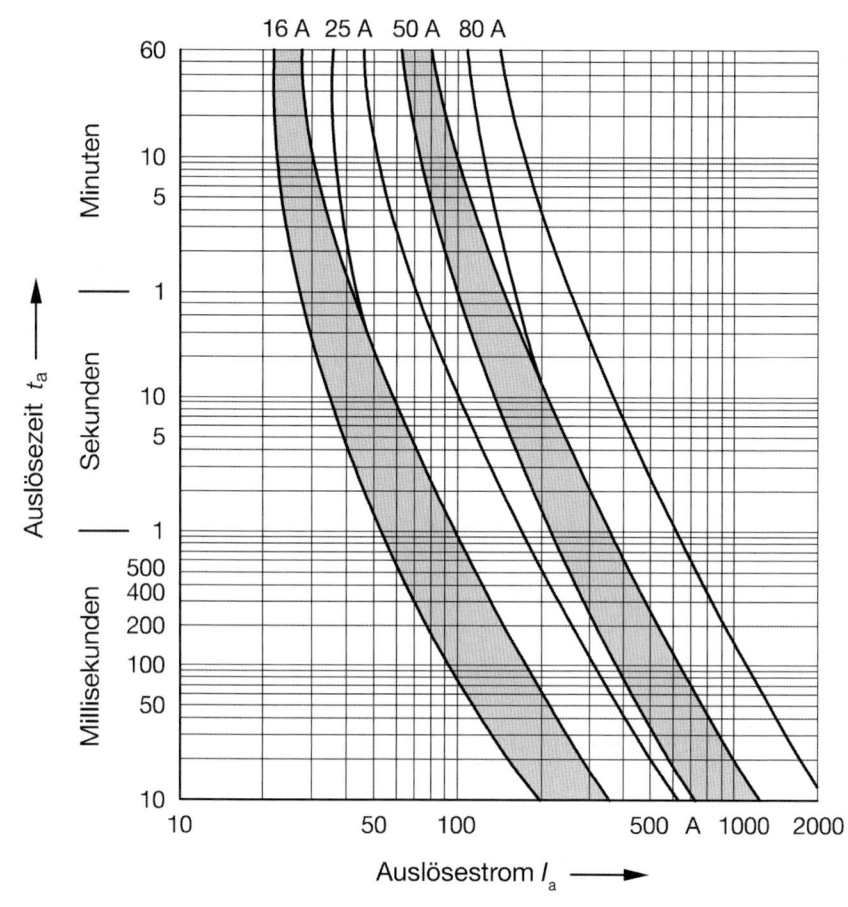

Aufgabenlösung 108:

1.

2.

Kopieren und jede Form der Vervielfältigung oder Reproduktion nicht gestattet.

39

Schutzmaßnahmen – Schutz gegen elektrischen Schlag

109

Die 230-V-Steckdosenstromkreise in einer Werkstatt sind mit Leitungsschutzschaltern vom Typ C16 abgesichert.

1. Ermitteln Sie aus der Kennlinie den Bereich des Faktors *n* für einen Leitungsschutzschalter vom Typ C16 im Kurzschlussfall.

2. Die Schleifenimpedanz beträgt $Z_s = 2,4\ \Omega$. Beurteilen Sie, ob der Leitungsschutzschalter im Kurzschlussfall sicher auslöst. Begründen Sie Ihre Entscheidung rechnerisch.

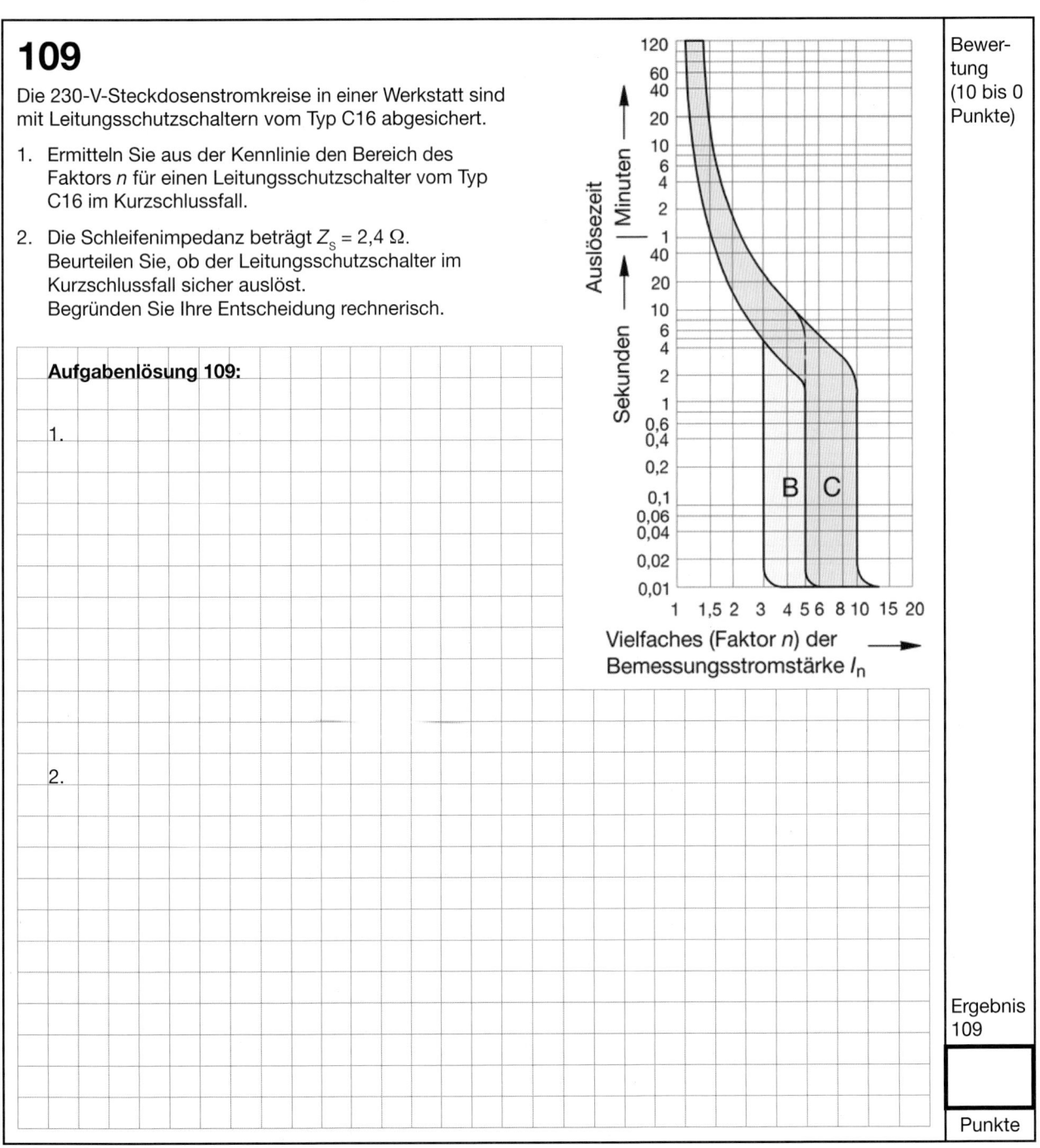

Vielfaches (Faktor *n*) der Bemessungsstromstärke I_n

Aufgabenlösung 109:

1.

2.

Bewertung (10 bis 0 Punkte)

Ergebnis 109

Punkte

40

110

Welche maximale Abschaltzeit t_{max} (in s) muss im TN-System bei einem 230-V-Endstromkreis mit $I \leq 32$ A eingehalten werden, wenn die Schutzmaßnahme „Automatische Abschaltung im Fehlerfall der Stromversorgung" angewendet wird?

① $t_{max} = 0{,}1$ s

② $t_{max} = 0{,}2$ s

③ $t_{max} = 0{,}4$ s

④ $t_{max} = 0{,}8$ s

⑤ $t_{max} = 5$ s

111

Welche Aussage über den Fehlerschutz (Schutz bei indirektem Berühren) im IT-System ist *falsch*?

①   Die Körper der Betriebsmittel werden meist mit einem Schutzleiter verbunden.

②   Die Spannungsquelle, z. B. der Sternpunkt eines Transformators, muss niederohmig geerdet sein.

③   Ein einzelner Fehler bedeutet noch keine Gefahr, sodass keine Abschaltung erfolgt.

④   Durch eine Isolationsüberwachungseinrichtung erfolgt bei einem Fehler eine Meldung.

⑤   Die Abschaltung erfolgt erst dann, wenn zwei Fehler gleichzeitig auftreten.

112

In welchem Bild ist ein Verteilungssystem gezeigt, in dem der erste Fehler *nicht* abschaltet, sondern zunächst nur eine Meldung erfolgen muss?

①   Bild 1

②   Bild 2

③   Bild 3

④   Bild 4

⑤   Bild 5

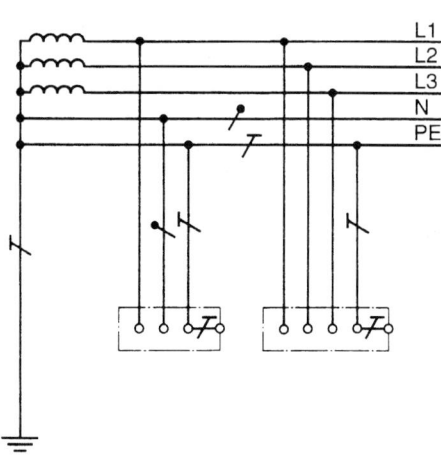

Bild 1

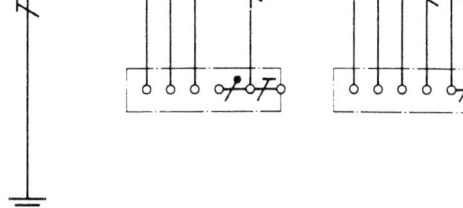

Bild 2

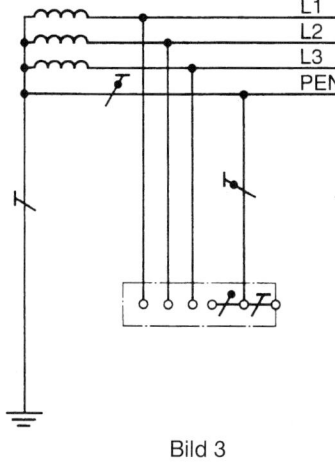

Bild 3

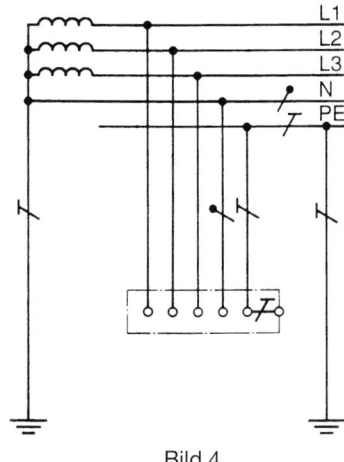

Bild 4

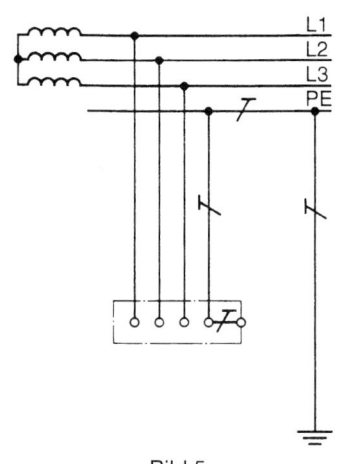

Bild 5

Verteilungssysteme

113

Welche Behauptung über das IT-System ist richtig?

1. Der Sternpunkt des Netztransformators ist niederohmig geerdet.

2. Das IT-System arbeitet ohne Schutzleiter.

3. Beim Auftreten nur eines Körper- oder Erdschlusses entsteht noch keine Fehlerspannung, deshalb ist eine Abschaltung nicht nötig.

4. Die Körper der Betriebsmittel werden an den PEN-Leiter angeschlossen.

5. Als Schutzmaßnahme Fehlerschutz (Schutz bei indirektem Berühren) darf nur eine RCD verwendet werden.

114

In welchem Fall löst eine 2-polige Fehlerstrom-Schutzeinrichtung (RCD) im TN-System aus?
(Fehlerstelle jeweils nach der RCD)

1. Bei Leiterschluss

2. Bei Unterbrechung des Schutzleiters

3. Bei Unterbrechung des Außenleiters

4. Bei Unterbrechung des Neutralleiters

5. Bei Erdschluss

115

Welche Behauptung über den Schaltplan ist richtig?

1. Der Schaltplan zeigt ein TT-System.

2. Im Schaltplan ist die Schutzmaßnahme „Schutz durch Abschalten im TN-C-S-System" dargestellt.

3. Im Schaltplan erfolgt der Schutz gegen gefährliche Körperströme durch eine RCD.

4. Das im Schaltplan abgebildete Betriebsmittel muss ein Gerät der Schutzklasse II sein.

5. Im Schaltplan wurden die Symbole für den Schutzleiter und den PEN-Leiter vertauscht.

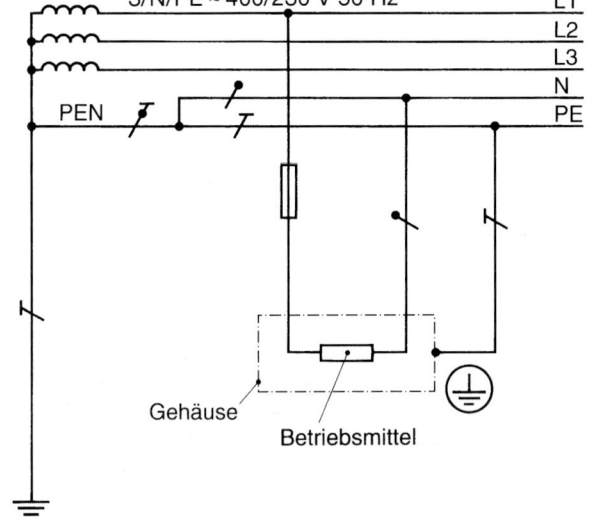

Gehäuse   Betriebsmittel

116

In einem TN-C-S-System ist der Fehlerschutz (Schutz bei indirektem Berühren) einer Leuchte mit Glühlampe durch eine Überstrom-Schutzeinrichtung sichergestellt. Was geschieht, wenn der Neutralleiter bricht?

1. Das Gehäuse der Leuchte steht unter Spannung.

2. Die Glühlampe leuchtet nicht.

3. Die Wendel der Glühlampe brennt durch.

4. Die Überstrom-Schutzeinrichtung schaltet den Stromkreis ab.

5. Die Schutzmaßnahme wird wirkungslos.

117

Welche Behauptung über die Schutzmaßnahme „TN-System mit Überstrom-Schutzeinrichtung" ist richtig?

1. Diese Schutzmaßnahme verhindert jede Berührungsspannung.

2. Diese Schutzmaßnahme verhindert das Entstehen von Berührungsspannungen über 25 V Wechselspannung.

3. Diese Schutzmaßnahme verhindert das Entstehen von Berührungsspannungen über 50 V Wechselspannung.

4. Diese Schutzmaßnahme verhindert das Bestehenbleiben von Berührungsspannungen von mehr als 50 V Wechselspannung.

5. Diese Schutzmaßnahme ist nur in Stromkreisen mit einphasigem Wechselstrom zulässig.

118

Die abgebildete Schaltung wurde fehlerhaft ausgeführt. Welche Änderung ist notwendig?

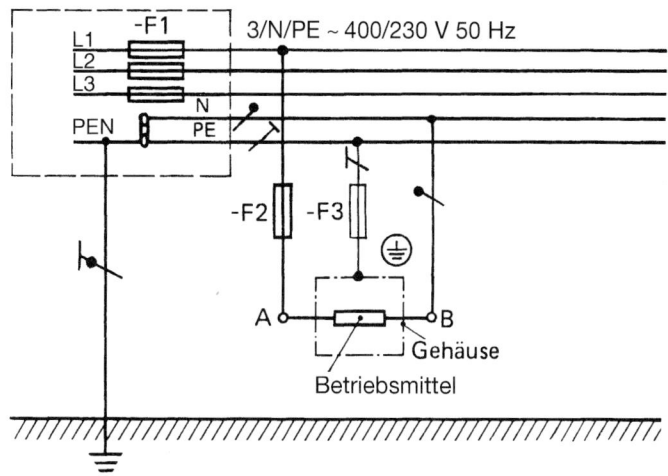

3/N/PE ~ 400/230 V 50 Hz

(1) Der Anschluss B des Betriebsmittels muss mit PE und nicht mit N verbunden sein.

(2) PE muss direkt und nicht über eine Sicherung mit dem Gehäuse verbunden werden.

(3) Im Neutralleiterzweig muss eine Sicherung eingebaut werden.

(4) Der Anschluss A des Betriebsmittels muss direkt und nicht über eine Sicherung mit L1 verbunden werden.

(5) Das Gehäuse darf nicht an PE liegen, sondern muss mit N verbunden sein.

Verteilungssysteme

119

1. Welches Verteilungssystem zeigt die abgebildete Schaltung?

2. Durch welche vorhandene schaltungstechnische Maßnahme führt ein Körperschluss in der Schaltung zum Auslösen der Sicherung?

3. Welche Aufgabe hat die Sicherung?

Aufgabenlösung 119:

1.

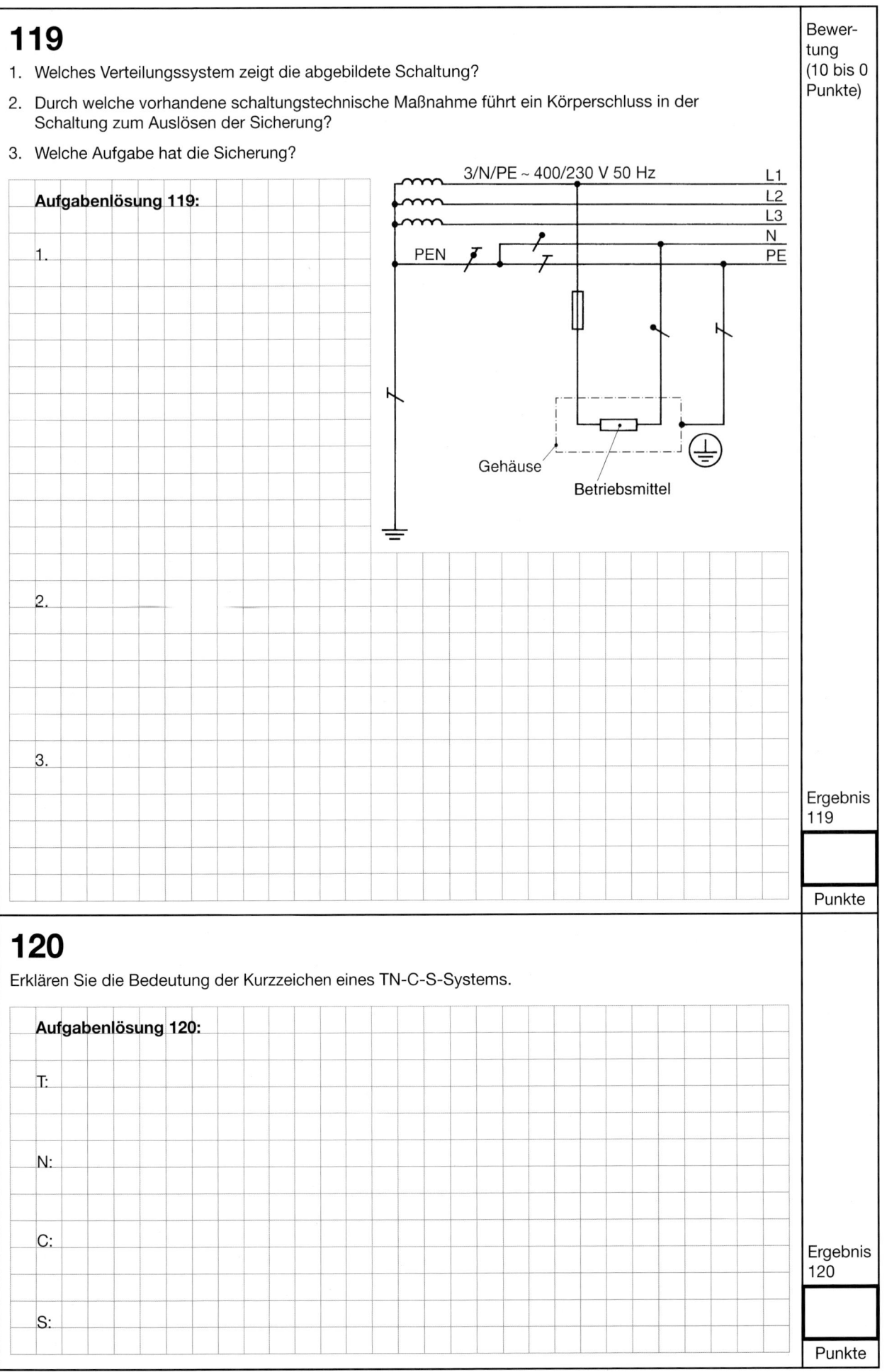

2.

3.

Ergebnis
119

Punkte

120

Erklären Sie die Bedeutung der Kurzzeichen eines TN-C-S-Systems.

Aufgabenlösung 120:

T:

N:

C:

S:

Ergebnis
120

Punkte

121 Erklären Sie die Wirkungsweise der Schutzmaßnahme „Automatische Abschaltung der Stromversorgung“ im TN-System im Falle eines Körperschlusses. **Aufgabenlösung 121:**	Bewertung (10 bis 0 Punkte) Ergebnis 121 Punkte
122 Beschreiben Sie den Aufbau eines TT-Systems. **Aufgabenlösung 122:**	Ergebnis 122 Punkte
123 Welche Gefährdung besteht in einem TN-S-System bei einem Schutzleiterbruch in der Anschlussleitung eines Betriebsmittels? **Aufgabenlösung 123:**	Ergebnis 123 Punkte

Verteilungssysteme

124

1. Beschreiben Sie den Aufbau eines IT-Systems.
2. Welchen Vorteil hat das IT-System gegenüber dem TN-System?

Aufgabenlösung 124:

1.

2.

Ergebnis
124

Punkte

125

Ein Baustromverteiler (TT-System) ist mit einer Fehlerstrom-Schutzeinrichtung (RCD mit $I_{\Delta N}$ = 30 mA) für Schutzkontaktsteckdosen ausgerüstet.

1. Beschreiben Sie den Wirkungsmechanismus beim Auftreten eines Körperschlusses.
2. Nach welcher Formel wird der maximale Erdungswiderstand berechnet.

Aufgabenlösung 125:

1.

2.

Ergebnis
125

Punkte

126

Der abgebildete Stromlaufplan zeigt die Leuchte -E1 mit Schutzleiteranschluss.

1. Benennen Sie die Schutzklasse der Leuchte -E1 und skizzieren Sie das Symbol dieser Schutzklasse.

2. Erklären Sie am Beispiel eines Körperschlusses die Schutzfunktion des Schutzleiters.
   Zeichnen Sie dazu den Fehler in den Stromlaufplan ein.

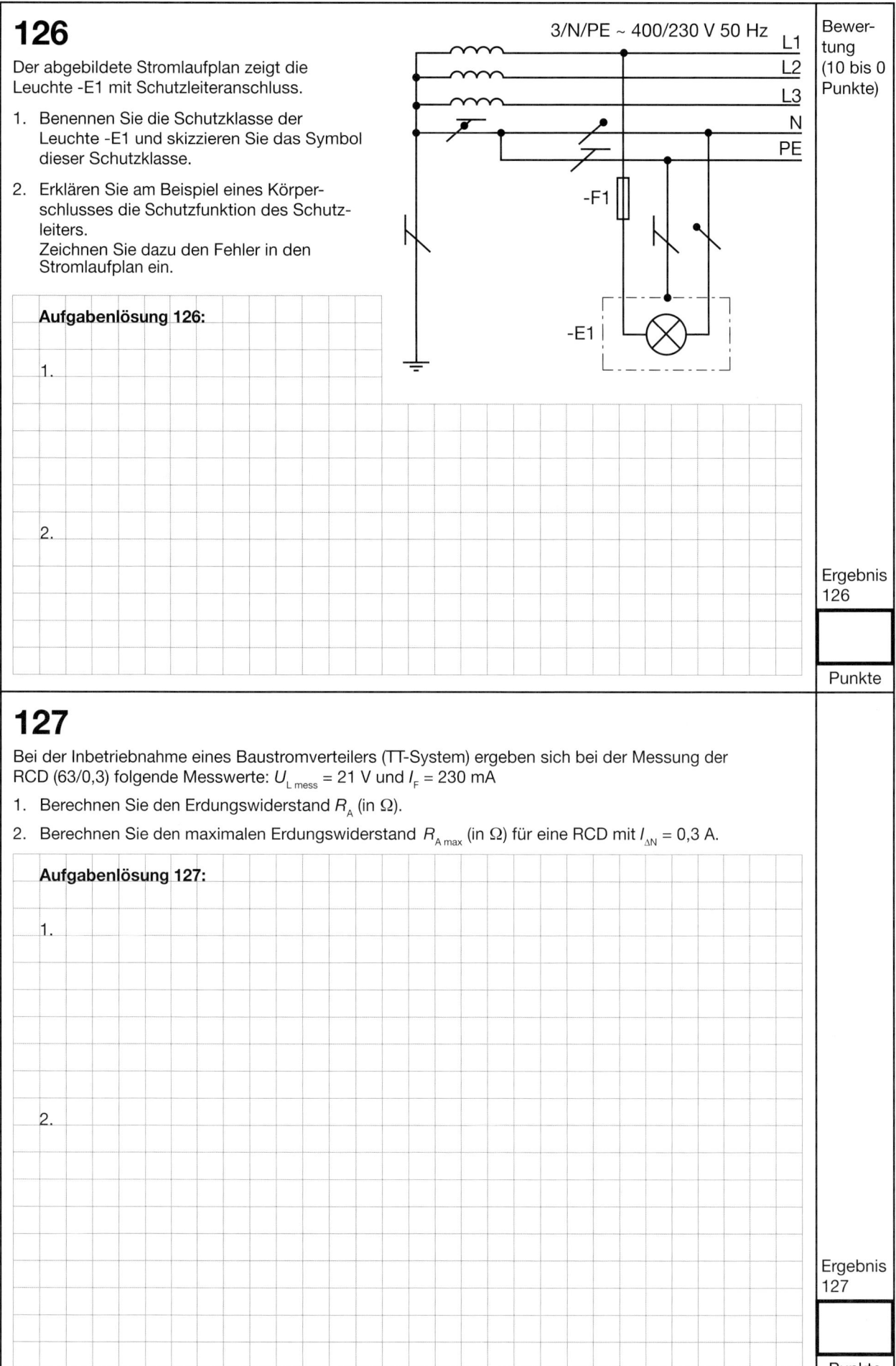

3/N/PE ~ 400/230 V 50 Hz

L1
L2
L3
N
PE

-F1

-E1

Bewer-tung (10 bis 0 Punkte)

Aufgabenlösung 126:

1.

2.

Ergebnis
126

Punkte

127

Bei der Inbetriebnahme eines Baustromverteilers (TT-System) ergeben sich bei der Messung der RCD (63/0,3) folgende Messwerte: $U_{L\,mess} = 21$ V und $I_F = 230$ mA

1. Berechnen Sie den Erdungswiderstand R_A (in Ω).

2. Berechnen Sie den maximalen Erdungswiderstand $R_{A\,max}$ (in Ω) für eine RCD mit $I_{\Delta N} = 0,3$ A.

Aufgabenlösung 127:

1.

2.

Ergebnis
127

Punkte

128

Wie wirkt sich ein mechanisches Blockieren eines Motors infolge einer Störung (z. B. Lagerschaden) unmittelbar elektrisch aus?

1. Die vorgeschaltete Sicherung löst sofort aus.
2. Das Motorschutzrelais löst aus.
3. Das NOT-AUS-Relais schaltet den Motor ab.
4. Die RCD löst aus.
5. Die Stromaufnahme des Motors nimmt ab.

129

Welche Maßnahme ist an einer laufenden Produktionsanlage verboten?

1. Ablesen von Messinstrumenten
2. Verändern von Einstellwerten
3. Zuschalten von Hilfsaggregaten
4. Betätigen des NOT-AUS-Schalters bei Gefahr
5. Abnehmen von Schutzhauben zur Kontrolle von Funktionen

130

Welche Schutzfunktion soll die thermische Auslösung (Bimetall-Auslöser) eines Motorschutzschalters erfüllen?

1. Schutz der Motorzuleitung gegen Kurzschluss
2. Schutz des Motors gegen Überlastung
3. Schutz der im Motorabgang liegenden Messgeräte
4. Schutz vor Berührungsspannungen
5. Schutz vor zu hohem Blindstromverbrauch

131

Warum wird ein Motorschutzschalter eingebaut?

1. Um den Motor vor Fremdkörpern zu schützen
2. Um das Getriebe vor Überlastung zu schützen
3. Um das Verteilungssystem vor Überlastung zu schützen
4. Um den Motor vor Überlastung zu schützen
5. Um Energie zu sparen

132

Im Rahmen einer Eingangskontrolle von Motoren sind diverse Prüfungen entsprechend dem dargestellten Vordruck durchzuführen. Welche Aussage dazu ist richtig?

1. Die Widerstandswerte für die Wicklungswiderstände sollten möglichst gleich sein. Ein großer Unterschied deutet auf einen Windungsschluss in einer Phase hin.
2. Die Widerstandswerte für die Wicklungswiderstände sollten sich entsprechend der Phasen in ihren Werten unterscheiden. Stellt sich nur ein geringer Unterschied ein, kann es sein, dass die Wicklungsausgänge intern in Stern geschaltet sind.
3. Die Hochspannungsprüfung darf keinesfalls vor dem Betrieb des Motors in Leerlauf durchgeführt werden. Dies kann zu Überschlägen innerhalb der Wicklung führen.
4. Stellt sich für den Wert U – PE der Isolationsmessung ein Wert von 20 MΩ ein, so ist eine weitere Überprüfung der Isolationswiderstände der Phasen V und W gegen Masse nicht mehr notwendig. Sie betragen ebenfalls 20 MΩ.
5. Eine Hochspannungsprüfung erfolgt immer mit doppelter Bemessungsspannung des Motors.

Vorprüfung		Hochspannungsprüfung			kV
Widerstände		Isolationsmessung			
U1 – U2	Ω	U – V	MΩ	U – PE	MΩ
V1 – V2	Ω	U – W	MΩ	V – PE	MΩ
W1 – W2	Ω	V – W	MΩ	W – PE	MΩ

Leerlauf		Hz			
Phase	Volt	Ampere	Watt	U/min	I_0 % =

133

Beurteilen Sie die Messwerte des Motors aus der Prüf-
tabelle.
Welche Schlussfolgerung ist richtig?

(1) Im Wicklungsstrang W liegt ein Windungsschluss
vor.

(2) Im Wicklungsstrang W liegt ein Körperschluss vor.

(3) Zwischen den Wicklungssträngen U und W besteht ein Phasenschluss.

(4) Zwischen den Wicklungssträngen U und V besteht
ein Erdschluss.

(5) Im Wicklungsstrang V besteht eine Verbindung
zum Motorgehäuse (Eisenschluss).

Prüftabelle			
Isolationswiderstände		Wicklungswiderstände	
U1 - Gehäuse = 50 MΩ		U1 - U2 = 29,5 Ω	
V1 - Gehäuse = 60 MΩ		V1 - V2 = 30 Ω	
W1 - Gehäuse = 40 MΩ		W1 - W2 = 30,2 Ω	
U1 - V1 = 70 MΩ			
U1 - W1 = 0,01 MΩ			
V1 - W1 = 65 MΩ			

134

Welche Aufgabe hat die NOT-HALT-Funktion in einer
Anlage?

(1) Sie muss Gefahr bringende Bewegungen einer
Anlage innerhalb kürzester Zeit zum Stillstand
bringen.

(2) Sie muss ersatzweise als Aus-Funktion dienen.

(3) Sie muss grundsätzlich alle Bewegungen einer
Anlage innerhalb kürzester Zeit zum Stillstand
bringen.

(4) Sie muss parallel zum Hauptschalter geschaltet
sein.

(5) Sie muss die Steuerung einer Anlage innerhalb
kürzester Zeit auf Null stellen.

135

Nennen Sie drei Sicherheits- bzw. Schutzeinrichtungen an Maschinen oder Anlagen.

Aufgabenlösung 135:

Ergebnis
135

Punkte

136

Für Steuerstromkreise von Maschinen unterscheidet die DIN VDE 0113 zwischen der STOPP-Funktion und der NOT-AUS-Funktion. Welche Anforderungen über die STOPP-Funktion hinaus muss die NOT-AUS-Funktion noch erfüllen? Nennen Sie zwei Anforderungen.

Aufgabenlösung 136:

Ergebnis
136

Punkte

137

Sie erhalten den Auftrag, einen Drehstrom-Kurzschlussläufermotor, dessen Motorschutzschalter im Leerlauf mehrfach ausgelöst hat, zu überprüfen. Nennen Sie die drei wichtigsten Fehlerarten am Motor.

Aufgabenlösung 137:

Ergebnis
137

Punkte

Sicherheit von Maschinen

138

Ein Drehstrom-Asynchronmotor hat während des Betriebs eine erhöhte Stromaufnahme und erzeugt ein Brummgeräusch. Als Ursache wird ein Windungsschluss vermutet. Zur Ermittlung der genauen Ursache müssen Messungen durchgeführt werden.

1. Welche elektrische Größe müssen Sie messen?

2. Nennen Sie die Arbeitsschritte, die für den elektrischen Prüfvorgang notwendig sind.

Aufgabenlösung 138:

1.

2.

Ergebnis
138

Punkte

139

Ein Leistungstransformator wird durch ein Buchholzrelais überwacht.
Nennen Sie zwei Fehlerarten, auf die dieses Relais anspricht.

Aufgabenlösung 139:

Ergebnis
139

Punkte

140

Beim Einschalten eines Rührwerks löst der Motorschutzschalter des Antriebsmotors (Drehstrom-Asynchronmotor) aus.
Nennen Sie drei mögliche Fehlerursachen.

Aufgabenlösung 140:

Ergebnis
140

Punkte

141

In der DIN VDE 0530 ist die Prüfspannung für Drehstrom-Asynchronmotoren festgelegt.
Nach welcher Formel wird die Prüfspannung für einen Motor berechnet?

Aufgabenlösung 141:

Ergebnis
141

Punkte

142

Der Wartungsplan sieht für einen
Motor eine regelmäßige Kontrolle
des Isolationswiderstands vor.

1. Zwischen welchen Anschlüssen
   des Motors ist der Isolationswiderstand zu messen?

2. Das Bild zeigt die Abhängigkeit
   des Isolationswiderstands von der
   Umgebungstemperatur. Sie führen
   die Isolationsmessungen bei einer
   Umgebungstemperatur von $\vartheta = 25\ °C$
   durch. Welcher Wert R_{iso} (in MΩ) gilt für
   diese Umgebungstemperatur?

3. Der Motor hat die Schutzart IP 44.
   Erläutern Sie diese Angabe.

Aufgabenlösung 142:

1.

2.

3.

I:

P:

4:

4:

Ergebnis
142

Punkte

Sicherheit von Maschinen

143

Die Abbildung zeigt das Leistungsschild eines Motors.

Erläutern Sie die angegebene Schutzart des Motors.

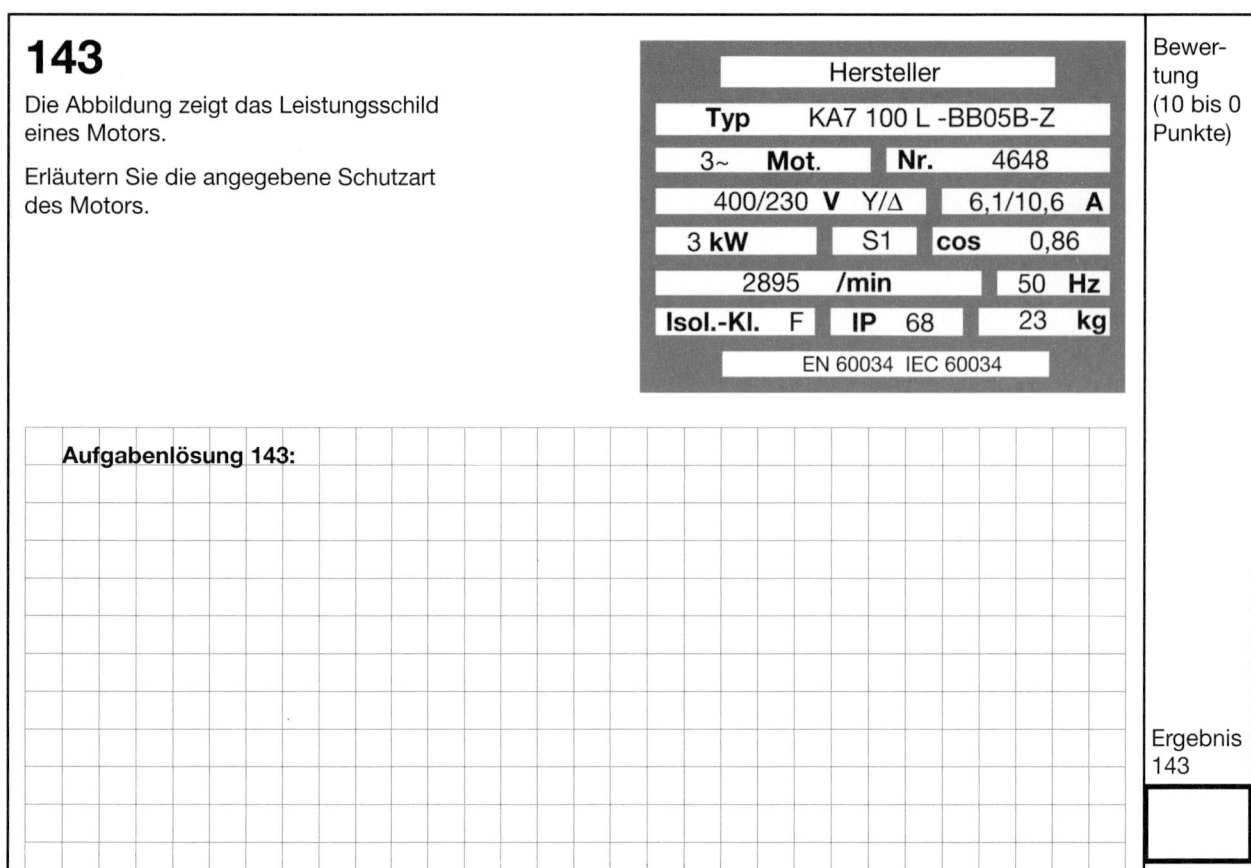

Hersteller		
Typ	KA7 100 L -BB05B-Z	
3~ **Mot.**	**Nr.**	4648
400/230 **V** Y/Δ	6,1/10,6 **A**	
3 **kW**	S1 **cos**	0,86
2895 **/min**	50 **Hz**	
Isol.-Kl. F	**IP** 68	23 **kg**
EN 60034 IEC 60034		

Aufgabenlösung 143:

144

Welche der genannten Maßnahmen ist für eine Erstprüfung nach DIN VDE 0100-600 *nicht* erforderlich?

1. Sichtkontrolle

2. Leistungsmessung

3. Messung des Isolationswiderstands

4. Überprüfung der Fehlerstrom-Schutzeinrichtung (RCD)

5. Überprüfung der Drehfeldrichtung

145

Gemäß DIN VDE 0113 ist die Durchgängigkeit des Schutzleiters vor der Inbetriebnahme eines ortsfesten Betriebsmittels zu prüfen. Welche Aussage ist richtig?

1. Die Messspannung muss 500 V DC bei einem Messstrom von 1 mA betragen.

2. Es reicht aus, den Schutzleiter mit einem handelsüblichen Durchgangsprüfer zu testen, wenn das Ergebnis dokumentiert wird.

3. Messwerte des Schutzleiterwiderstands bis 10 Ω gelten als ausreichend, wenn der Widerstand der Messleitung bereits abgezogen wurde.

4. Der Schutzleiterwiderstand muss mit einem Strom zwischen mindestens 0,2 A und ungefähr 10 A, aus einer elektrisch getrennten Versorgung mit einer maximalen Leerlaufspannung von 24 V, gemessen werden.

5. Der Schutzleiterwiderstand muss immer mit einer direkten Messung zwischen Haupterdungsschiene und ortsfestem Betriebsmittel gemessen werden.

146

Welche Antwort gibt die Tätigkeiten der Erstprüfung einer elektrischen Anlage nach DIN VDE 0100-600 richtig wieder?

1. Besichtigen, Messen und Optimieren, Versichern

2. Präsentieren, Überarbeiten und Dokumentieren, Übergeben

3. Besichtigen, Kundenpräsentation, Anlagenübergabe

4. Erproben und Messen, Optimieren und Dokumentieren

5. Besichtigen, Erproben und Messen

147

Welche Messung ist gemäß DIN VDE 0100-600 *nicht* Bestandteil der Erstprüfung einer elektrischen Anlage?

1. Messung des Isolationswiderstands

2. Messung der Durchgängigkeit des Schutzleiters

3. Messung der Schleifenimpedanz

4. Messung der Luftfeuchtigkeit

5. Messung der sicheren Trennung der Stromkreise: SELV/PELV/Schutztrennung

148

Für den Schutz gegen direktes Berühren aktiver Teile werden die im Bild angegebenen Schutzarten gefordert. Welche Behauptung ist *falsch*?

1. Das „X" im Kennzeichen bedeutet, dass kein Wasserschutz gefordert ist.

2. Bei der Schutzart IP 2X ist das Berühren der aktiven Teile mit gestrecktem Finger möglich.

3. Durch die Schutzart IP 4X wird das Berühren aktiver Teile mit Werkzeugen oder Drähten mit mehr als 1 mm Durchmesser verhindert.

4. Die höhere Schutzart IP 4X wird gefordert, um zu verhindern, dass hängende leitfähige Teile, wie Halsketten, eindringen können.

5. Ist die waagerechte Abdeckung von oben nicht zugänglich, dann genügt die Schutzart IP 2X.

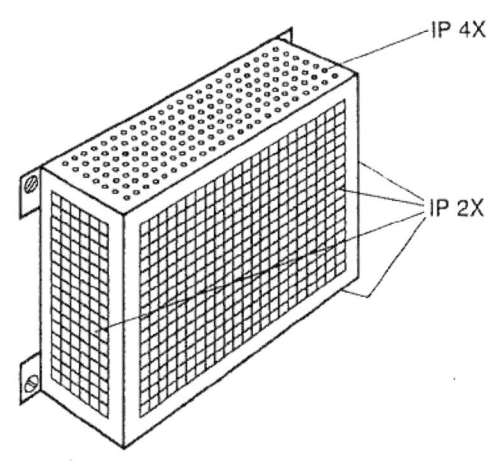

Prüfung elektrischer Anlagen

149

Welche Aussage zur selektiven Abschaltung nach DIN VDE ist richtig?

1. Im Fehlerfall muss mindestens eine der vorge-schalteten Schutzeinrichtungen auslösen.

2. Die Bemessungsströme zweier hintereinander geschalteter Schmelz-Sicherungen müssen sich um den Faktor 0,7 unterscheiden.

3. Die Bemessungsströme zweier hintereinander geschalteter Schmelz-Sicherungen müssen sich um den Faktor 1,6 unterscheiden.

4. Die Bemessungsströme zweier hintereinander geschalteter Schmelz-Sicherungen müssen sich mindestens um den Faktor 3 unterscheiden.

5. Im Fehlerfall müssen alle Schutzeinrichtungen innerhalb einer Auslösezeit von 0,2 s sicher aus-lösen.

150

Welche Aussage über einen Leitungsschutzschalter des Typs B16 ist richtig?

1. Er löst beim 3- bis 5-Fachen des Bemessungs-stroms unverzögert aus.

2. Er löst erst beim 5- bis 10-Fachen des Bemessungs-stroms unverzögert aus.

3. Er löst erst beim 10- bis 25-Fachen des Bemes-sungsstroms unverzögert aus.

4. Er löst beim 1,6-Fachen des Bemessungsstroms unverzögert aus.

5. Er löst bei 16 Ampere unverzögert aus.

151

Der Kurzschlussstrom in einer elektrischen Anlage beträgt 100 A. In welcher Zeit löst eine Schmelzsicherung mit einem Bemessungsstrom von 20 A aus?

1. Abschaltzeit: 100 ms bis 1 s

2. Abschaltzeit: 350 ms bis 3 s

3. Abschaltzeit: 1 s bis 10 s

4. Abschaltzeit: 100 ms bis 400 ms

5. Abschaltzeit: 1 s bis 2 s

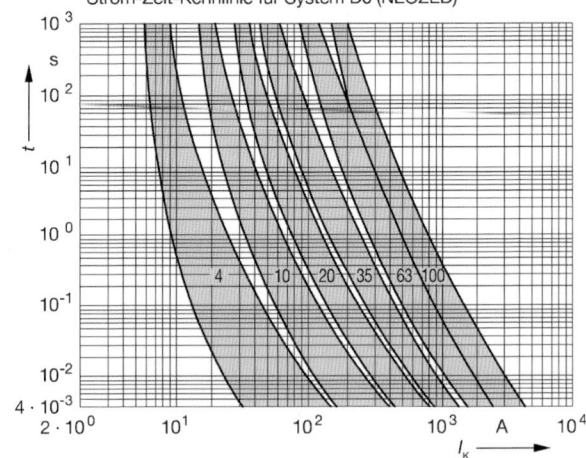

Strom-Zeit-Kennlinie für System D0 (NEOZED)

152

Für die Schutzmaßnahme „Schutz durch automatische Abschaltung der Stromversorgung" können im Fehlerfall verschiedene Betriebsmittel eingesetzt werden. Welche Abkürzung bezeichnet *kein* Betriebsmittel für die genann-te Schutzmaßnahme?

1. DH-System

2. NH-Sicherung

3. LS-Schalter

4. RCD

5. DO-System

153

Vor der Erstinbetriebnahme einer elektrischen Anlage ist durch Prüfung festzustellen, ob diese den Errichtungs-normen entspricht. Wer ist zur Durchführung dieser Erstprüfung verpflichtet?

1. Der Verteilungsnetzbetreiber

2. Das Gewerbeaufsichtsamt

3. Die Berufsgenossenschaft

4. Der Anlagenerrichter

5. Der Auftraggeber

154

Bei der Erstprüfung einer elektrischen Anlage wurde ein Isolationsfehler festgestellt. Was muss der Errichter tun?

1. Den Verteilungsnetzbetreiber über den Fehler unterrichten.

2. Das Gewerbeaufsichtsamt und die Berufsgenossenschaft über den Fehler unterrichten.

3. Die Anlage in Betrieb nehmen und den Betreiber auf den Fehler aufmerksam machen.

4. In Verbindung mit einer Fehlersuche die Erstprüfung so lange weiterführen, bis der Fehler gefunden und beseitigt ist.

5. Den Fehler im Abnahmeprotokoll dokumentieren und den Betreiber veranlassen, den Fehler beseitigen zu lassen.

155

Bei der Erstprüfung einer elektrischen Anlage ist das „Besichtigen" der erste Teil der Prüfung. Was kann dadurch *nicht* festgestellt werden?

1. Ob die elektrischen Betriebsmittel den Einflüssen am Verwendungsort standhalten können

2. Ob der Schutz der aktiven Teile durch Isolierung gewährleistet ist

3. Ob der Isolationswiderstand der Anlage der DIN VDE entspricht

4. Ob die Überstrom-Schutzeinrichtungen richtig ausgewählt und eingestellt sind

5. Ob der Schutz durch Abdeckung der DIN VDE entspricht

156

Vor der Erstinbetriebnahme einer elektrischen Anlage ist durch Besichtigen sowie Erproben und Messen festzustellen, ob diese den Errichtungsnormen entspricht. Welche der genannten Prüfungen erfolgt dabei durch „Besichtigen"?

1. Prüfung, ob in den Schutzleitern keine Schalter und Überstromschutzorgane geschaltet sind

2. Prüfung, ob die Sicherheitseinrichtungen, z. B. NOT-AUS-Einrichtungen, funktionieren

3. Prüfung, ob die Fehlerstrom-Schutzeinrichtungen (RCDs) auslösen

4. Prüfung, ob die Schleifenimpedanz den DIN-VDE-Normen entspricht

5. Prüfung, ob bei den Drehstrom-Steckdosen ein Rechtsdrehfeld vorhanden ist

157

Für die Erstprüfung einer elektrischen Anlage nach DIN VDE 0100-600 wurde eine Mind-Map angefertigt. Welcher Teil der Erstprüfung wird hier dargestellt?

1. Das Erproben und Messen

2. Das Messen

3. Das Erproben

4. Das Besichtigen

5. Das Dokumentieren

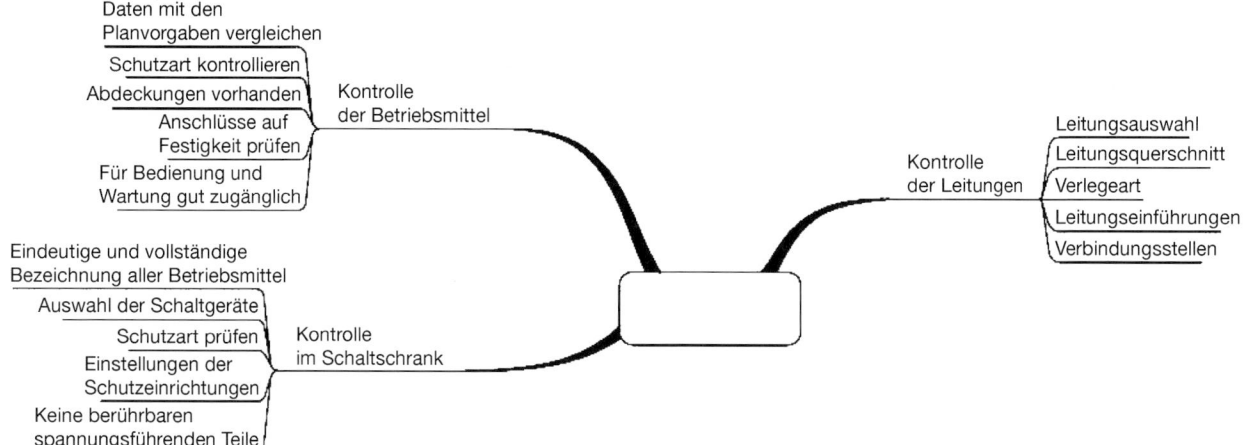

Kopieren und jede Form der Vervielfältigung oder Reproduktion nicht gestattet.

57

Prüfung elektrischer Anlagen

158

Vor der Erstinbetriebnahme einer elektrischen Anlage ist durch Besichtigen sowie Erproben und Messen festzustellen, ob diese den Errichtungsnormen entspricht. Was kann dabei durch „Erproben und Messen" *nicht* festgestellt werden?

1. Ob der Isolationswiderstand der Anlage den DIN-VDE-Normen entspricht

2. Ob zwischen metallenen Rohrsystemen und der Haupterdungsschiene Verbindung besteht

3. Ob Stromkreise, Sicherungen und Klemmen gekennzeichnet sind

4. Ob bei Schutzkleinspannung die Spannungsgrenzen eingehalten werden

5. Ob der Wert der Schleifenimpedanz den Errichtungsbestimmungen entspricht

159

Vor der Erstinbetriebnahme einer elektrischen Anlage muss der Isolationswiderstand gemessen werden. Welche Aussage über die Durchführung dieser Messung entspricht *nicht* der DIN VDE 0100-600?

1. Die Anlage muss vor der Messung spannungsfrei geschaltet werden.

2. Die Messung muss zwischen jedem Außenleiter und dem Neutralleiter durchgeführt werden.

3. Zur Messung muss der Neutralleiter von Erde getrennt werden.

4. Die Messung sollte vor Anschluss der Betriebsmittel erfolgen.

5. Vor Beginn der Messung können die Außenleiter mit dem Neutralleiter verbunden werden.

160

Warum muss die Messung des Isolationswiderstands einer elektrischen Anlage mit Gleichspannung und *nicht* mit Wechselspannung durchgeführt werden?

1. Um in der Anlage enthaltene elektronische Bauelemente zu schützen

2. Um durch Betriebsmittel verursachte Ableitströme auszuschließen

3. Um den Einfluss der Kapazität zwischen den Leitern und zwischen Leitern und Erde auszuschließen

4. Um das Auslösen von Fehlerstrom-Schutzeinrichtungen (RCDs) zu verhindern

5. Um elektrolytische Stoffwanderungen an Kontaktstellen zu verhindern

161

Sie übergeben einem Kunden eine elektrische Anlage. Welche der nachfolgenden Vorgehensweisen ist *falsch*?

1. Sie fertigen ein Inbetriebnahmeprotokoll an und lassen es vom Kunden gegenzeichnen.

2. Sie überprüfen vor der Inbetriebnahme die elektrische Absicherung.

3. Sie unterweisen die Mitarbeiter und überreichen die Anlagendokumentation.

4. Sie führen die Anlage vor und zeigen die einzelnen Funktionen.

5. Sie lassen sich den Erhalt der Anlage quittieren und gehen wieder.

162

Welche Bestimmungen enthält die DIN VDE 0100?

1. Bestimmungen über den Betrieb von Niederspannungsanlagen

2. Bestimmungen über die Wiederholungsprüfung an elektrischen Handgeräten

3. Bestimmungen über Leuchtröhrenanlagen mit Spannungen von 1 000 V und darüber

4. Bestimmungen über das Errichten von Niederspannungsanlagen mit Nennspannungen bis 1 000 V

5. Bestimmungen über das Errichten von Niederspannungsanlagen mit Nennspannung über 1 000 V

163

In den Bestimmungen der DIN VDE 0100 werden wichtige Begriffe erklärt. Welche der folgenden Erklärungen ist richtig?

1. Die Verbraucheranlage umfasst die Gesamtheit aller elektrischen Betriebsmittel hinter der Abzweigmuffe des Kabels.

2. Unter Errichten elektrischer Anlagen versteht man deren Neubau, nicht jedoch deren Erweiterung oder Wiederherstellung.

3. Ortsveränderlich ist ein Betriebsmittel, wenn es in üblicher Verwendung unter Spannung stehend bewegt wird.

4. Unter dem festen Anschluss einer Leitung versteht man die unmittelbare Verbindung mit einem elektrischen Betriebsmittel durch Schweißen oder Löten, nicht aber durch Schrauben.

5. Als Überstrom-Schutzorgane bezeichnet man die Schmelzsicherungen, nicht jedoch die Leitungsschutzschalter.

164

Bei der Erstprüfung einer elektrischen Anlage muss auch der Isolationswiderstand gemessen werden. Welche Behauptung ist richtig?

1. Der Isolationswiderstand muss mit Wechselspannung gemessen werden.

2. Der Isolationswiderstand muss mit Gleichspannung von mindestens 2 kV gemessen werden.

3. Der Isolationswiderstand muss immer mit angeschlossenen Betriebsmitteln gemessen werden.

4. Der Isolationswiderstand muss in einer elektrischen Anlage mit 400/230 V mindestens 1 MΩ betragen.

5. Der Isolationswiderstand wird nur zwischen den Außenleitern und dem Neutralleiter gemessen.

165

Welches der genannten elektrischen Betriebsmittel wird im Allgemeinen *nicht* nach Schutzklasse II gebaut?

1. Elektrorasierer

2. Haartrockner

3. Handbohrmaschine

4. Elektroherd

5. Fernsehgerät

Prüfung elektrischer Anlagen

166

Die Prüfung einer elektrischen Anlage nach DIN VDE 0100-600 beinhaltet das Besichtigen, Erproben und Messen.
Nennen Sie jeweils zwei dazugehörige Handlungsschritte.

Aufgabenlösung 166:

Besichtigen:

Messen:

Erproben:

Ergebnis 166

Punkte

167

Warum muss eine elektrische Anlage hinsichtlich ihrer Überstrom-Schutzeinrichtungen selektiv aufgebaut sein?

Aufgabenlösung 167:

Ergebnis 167

Punkte

168

Welche Aufgabe hat eine Überstrom-Schutzeinrichtung in einer elektrischen Anlage?

Aufgabenlösung 168:

Ergebnis 168

Punkte

169

Zur Überprüfung von Schutzmaßnahmen im TN-System wird unter anderem die Schleifenimpedanz gemessen. Muss diese einen möglichst hohen oder einen möglichst niedrigen Wert haben?
Begründen Sie Ihre Antwort.

Aufgabenlösung 169:

Ergebnis 169

Punkte

170

Die Zuleitung einer 400-V-Drehstrom-Steckdose wurde beschädigt und musste ausgewechselt werden. Sie wurde durch eine Mantelleitung NYM-J 5 × 4 mm² ersetzt.

1. Zwischen welchen Leitern muss der Isolationswiderstand vor der Inbetriebnahme des Steckdosenstromkreises gemessen werden?

2. Wie hoch muss der Isolations-Widerstandswert nach DIN VDE 0100-600 mindestens sein?

Aufgabenlösung 170:

1.

2.

Ergebnis 170

Punkte

Prüfung elektrischer Anlagen

171

Im Bild ist der elektrische Anschluss des Motors -M1 vereinfacht dargestellt. Während der Inbetriebnahme haben Sie eine unterbrochene Schutzleiter-Verbindung in der Motorzuleitung festgestellt.

1. Berechnen Sie den Strom I_F (in mA), der bei einem Körperschluss durch den menschlichen Körper fließt.

2. Welche Wirkung hat der unter 1. berechnete Fehlerstrom I_F, wenn der menschliche Körper 0,5 s durchströmt wird?

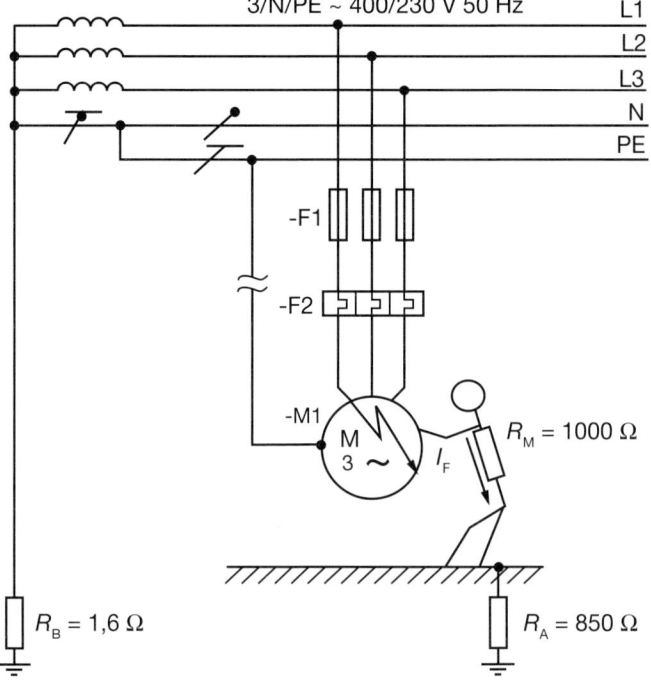

R_A = Erdungswiderstand
R_B = Betriebserdungswiderstand
R_M = Körperwiderstand

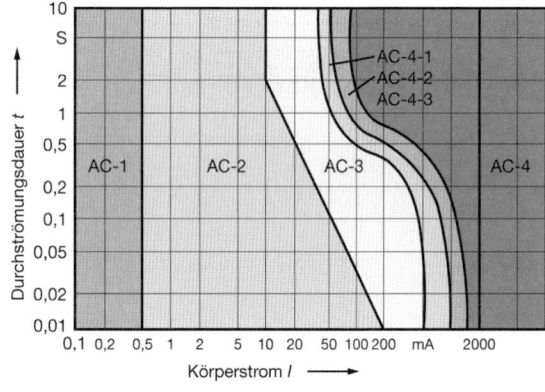

AC-1 : Normalerweise keine Wirkung
AC-2 : Meist keine schädlichen Wirkungen
AC-3 : Meist kein organischer Schaden. Krampfartige Muskelreaktionen möglich und Schwierigkeiten beim Atmen.
AC-4 : Herzstillstand, Atemstillstand und schwere Verbrennungen zusätzlich zu den Wirkungen der Zone 3
AC-4-1 : Wahrscheinlichkeit von Herzkammerflimmern, ansteigend bis etwa 5 %
AC-4-2 : Wahrscheinlichkeit von Herzkammerflimmern, ansteigend bis etwa 50 %
AC-4-3 : Wahrscheinlichkeit von Herzkammerflimmern, über 50 %

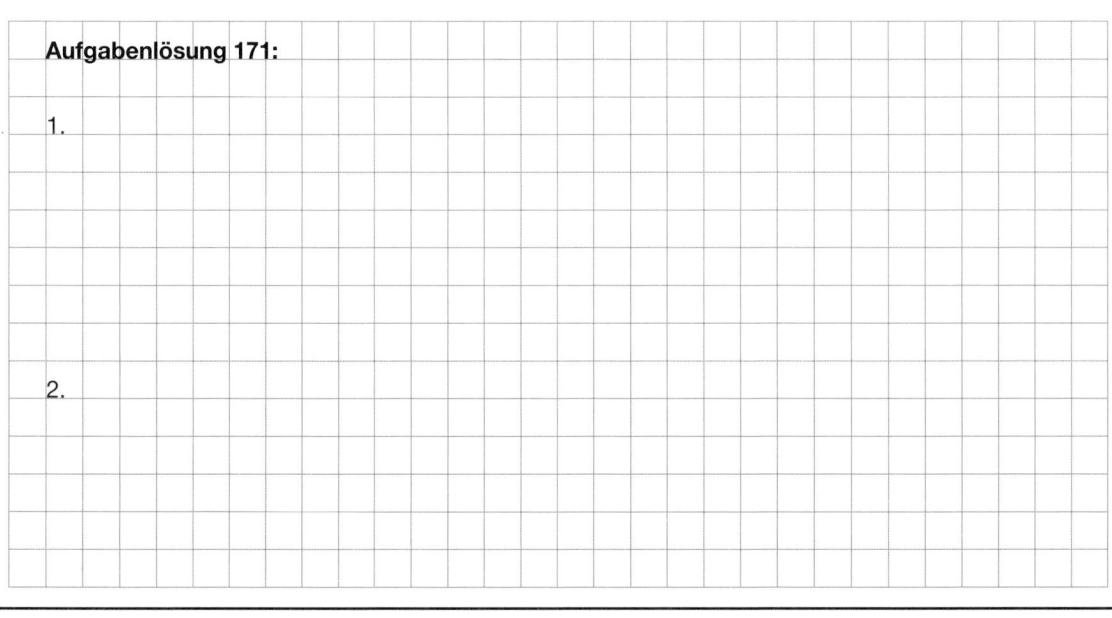

Aufgabenlösung 171:

1.

2.

Ergebnis 171

Bewertung

Punkte

172

Eine 230-V-Steckdose wird mit einem Leitungsschutz-schalter abgesichert. Als Schutzmaßnahme wird die automatische Abschaltung mittels Überstrom-Schutz-einrichtung eingesetzt (TN-S-System).

1. Innerhalb welcher Auslösezeit t_a muss nach DIN VDE 0100-410 der LS-Schalter abschalten, wenn in einem Endstromkreis ≤ 32 A ein Körper-schluss auftritt?

2. Wie hoch muss der Auslösestrom I_a (in A) eines LS-Schalters vom Typ B16 mindestens sein, damit dieser im Kurzschlussfall sicher auslöst?

3. Erfolgt die Abschaltung bei einem Körperschluss durch die thermische oder durch die magnetische Auslösung?

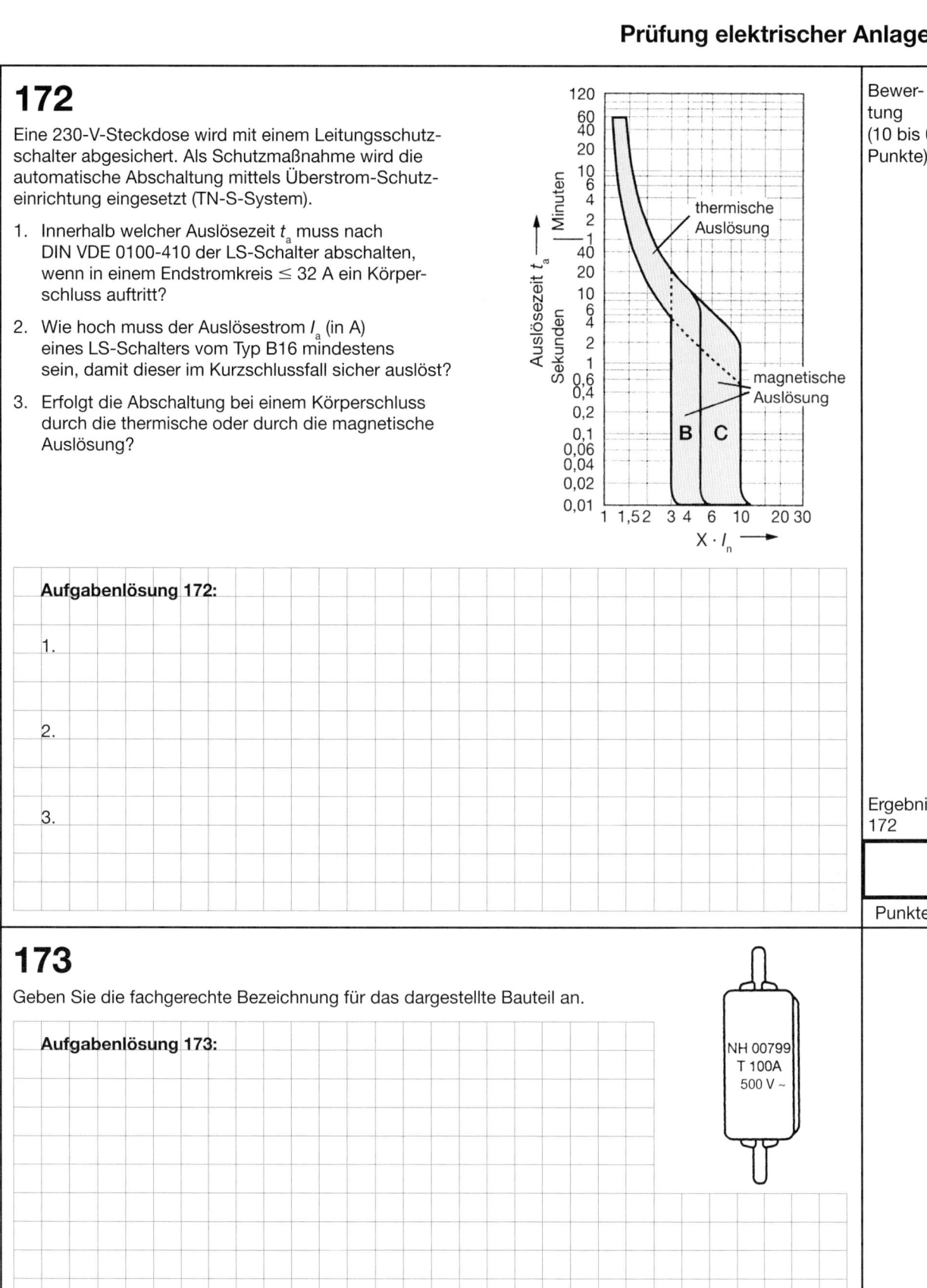

Bewer-tung
(10 bis 0 Punkte)

Aufgabenlösung 172:

1.

2.

3.

Ergebnis 172

Punkte

173

Geben Sie die fachgerechte Bezeichnung für das dargestellte Bauteil an.

Aufgabenlösung 173:

NH 00799
T 100A
500 V ~

Ergebnis 173

Punkte

Prüfung elektrischer Anlagen

174

Eine Haupterdungsschiene ist in einem Hausanschlussraum montiert.

1. Nennen Sie fünf Anlagen- oder Gebäudeteile, die mit der Haupterdungsschiene verbunden sein müssen.

2. Beschreiben Sie den Zweck des Potenzialausgleichs.

Aufgabenlösung 174:

1.

2.

Ergebnis
174

Punkte

175

In Baderäumen kann nach DIN VDE 0100-701 ein zusätzlicher Potenzialausgleich installiert werden.

1. Welche Aufgabe hat der zusätzliche Potenzialausgleich?

2. Wie groß muss der Querschnitt des Potenzialausgleichleiters mindestens sein?

Aufgabenlösung 175:

1.

2.

Ergebnis
175

Punkte

176

Sie prüfen wiederholt eine elektrische Anlage nach DIN VDE 0100-600.
Wofür wird ein Prüf- und Messprotokoll erstellt?

Aufgabenlösung 176:

Ergebnis
176

Punkte

177

Nach DIN VDE 0701-0702 sind instand gesetzte elektrische Geräte vor der Funktionsprüfung mehreren Einzelprüfungen zu unterziehen. Welche Einzelprüfung ist *keine* Prüfung im Sinne dieser Norm?

1. Prüfung des Schutzleiters

2. Messung des Isolationswiderstands

3. Messung des Schutzleiterstroms

4. Messung des Betriebsstroms

5. Sichtprüfung

178

Bei einem elektrischen Betriebsmittel der Schutzklasse II wird die defekte 2-adrige Anschlussleitung gegen eine 3-adrige Leitung und einen Schutzkontakt-Stecker ausgetauscht. Welche Maßnahme ist fachlich richtig?

1. Schutzkontakte am Stecker entfernen, Schutzleiter am Gerät anschließen

2. Schutzleiter am Stecker und im Gerät an der N-Klemme mitanschließen

3. Schutzleiter an beiden Enden abschneiden

4. Schutzleiter am Stecker anschließen, aber am Gerät isolieren

5. Schutzkontakte am Stecker entfernen und Schutzleiter an beiden Enden abschneiden

179

Auf dem Typenschild eines elektrischen Betriebsmittels befindet sich das abgebildete Symbol. Welche Aussage ist richtig?

1. Das Betriebsmittel darf nur in trockenen Räumen betrieben werden.

2. Das Betriebsmittel darf nur mit Kleinspannung betrieben werden.

3. An die Zuleitung darf fabrikmäßig nur ein Schutzkontaktstecker angeschlossen werden.

4. Das Betriebsmittel hat ein schlagfestes Gehäuse.

5. Das Betriebsmittel entspricht der Schutzklasse II.

180

Zum Schutz gegen elektrischen Schlag werden elektrische Betriebsmittel in Schutzklassen eingeteilt. Welche Aussage über Geräte der Schutzklasse III ist richtig?

1. Derartige Geräte sind in Deutschland nicht zugelassen.

2. Das sind Geräte mit einer zusätzlichen oder verstärkten Isolierung zur Basisisolierung, die bisher als schutzisoliert bezeichnet wurden.

3. Das sind Geräte mit einfacher Basisisolierung und mit Schutzleiteranschluss.

4. Das sind Geräte zum Anschluss an eine Nennspannung bis 1 000 V DC.

5. Das sind Geräte zum Anschluss an eine Schutzkleinspannung (SELV).

181

In einer englischsprachigen Herstellerunterlage ist folgende Abbildung beschrieben. Welche Beschreibung ist zutreffend?

1. Protection with protective conductor

2. Protection by RCD

3. Protection by electrical separation

4. Protection by equipotential bonding

5. Protective insulation – a protection without protective conductor

182

Welche Kennzeichnung finden Sie auf elektrischen Betriebsmitteln, wenn diese „staubdicht" sind?

1. ▢
2. ▢
3. △
4. ✳
5. ◈

Kopieren und jede Form der Vervielfältigung oder Reproduktion nicht gestattet.

65

183

Welche Messung nach DIN VDE 0701-0702 zeigt die Abbildung?

(1) Messung des Berührungsstroms

(2) Messung des Schutzleiterwiderstands

(3) Messung des Isolationswiderstands

(4) Messung des Schutzleiterstroms

(5) Messung des Ersatzableiterstroms

PRÜFLING SCHUTZKLASSE I

184

Für welche Schutzart steht IP 20?

(1) – Schutz gegen Staubablagerungen, vollständiger Berührungsschutz
– Schutz gegen Spritzwasser aus allen Richtungen

(2) – Schutz gegen Staubablagerungen, vollständiger Berührungsschutz
– Schutz gegen schräg fallendes Wasser (Tropfwasser), 15° gegenüber normaler Betriebslage

(3) – Schutz gegen Staubablagerungen, vollständiger Berührungsschutz
– Kein Wasserschutz

(4) – Schutz gegen Eindringen von großen Fremdkörpern, $d > 50$ mm, Schutz gegen Fremdkörper
– Kein Wasserschutz

(5) – Schutz gegen Eindringen von mittelgroßen Fremdkörpern, $d > 12$ mm, Fingerschutz
– Kein Wasserschutz

185

Welche der genannten Tätigkeiten gehört zu einer Inbetriebnahme nach DIN VDE?

(1) Erstellen von Stromlaufplänen

(2) Messung der Isolationswiderstände

(3) Wartungshinweise an den Kunden übergeben

(4) Einweisung des Kunden in die Bedienung des Geräts

(5) Fakturierung

186

In welcher Zeile der Tabelle sind die Symbole den Schutzklassen richtig zugeordnet?

187

Bei der ersten Wiederholungsprüfung eines elektrischen Geräts der Schutzklasse 1 (z. B. 19"-Rahmen) stellen Sie bei der Messung des Schutzleiterwiderstands eine Beschädigung der Zuleitung fest. Welche Maßnahme ergreifen Sie?

(1) Sie umwickeln die beschädigte Stelle der Zuleitung mit Isolierband und belassen sie im Einsatz.

(2) Sie lassen das Gerät verschrotten.

(3) Sie kleben einen Warnhinweis auf das Gerät.

(4) Der Schutzleiterwiderstandswert ist in Ordnung, damit kann das Gerät weiter benutzt werden.

(5) Sie veranlassen einen sofortigen Austausch der Zuleitung.

188

Welches Symbol kennzeichnet ein elektrisches Betriebsmittel der Schutzklasse II?

(1)  (4)

(2)   (5)

(3)

189

An dem dargestellten Betriebsmittel der Schutzklasse II muss die Netzanschlussleitung erneuert werden. Es steht eine Austauschleitung des Typs H05VV-F 3G1,5 zur Verfügung. In welcher Zeile der Tabelle sind die möglichen Arbeitsgänge alle richtig beschrieben?

	Im Schutzkontaktstecker	Im Betriebsmittel
1	PE abschneiden	PE anschließen
2	PE nicht anschließen	PE abschneiden
3	PE anschließen	PE isolieren
4	PE anschließen	PE anschließen
5	PE-Anschluss bleibt frei	Kein PE-Anschluss nötig

190

In welcher Zeile der Tabelle sind die drei Schutzklassen richtig beschrieben?

	Schutzklasse I	Schutzklasse II	Schutzklasse III
1	Schutzkleinspannung	Schutzisolierung	Schutzleiteranschluss
2	Schutzkleinspannung	Schutzleiteranschluss	Schutzisolierung
3	Schutzisolierung	Schutzkleinspannung	Schutzleiteranschluss
4	Schutzleiteranschluss	Schutzisolierung	Schutzkleinspannung
5	Schutzleiteranschluss	Schutzkleinspannung	Schutzisolierung

191

Welche Behauptung über das Kurzzeichen für die Schutzart eines elektrischen Betriebsmittels ist *falsch*?

(1) Das Kurzzeichen besteht aus den Buchstaben IP, an die sich zwei Kennziffern anschließen.

(2) Die 1. Kennziffer bezieht sich auf den Berührungs- und Fremdkörperschutz.

(3) Die 2. Kennziffer gilt für den Wasserschutz.

(4) Der Schutz des Betriebsmittels ist umso größer, je kleiner die Kennziffer ist.

(5) Bei Leuchten ist es üblich, die Schutzart durch Symbole anzugeben.

Prüfung elektrischer Geräte

192

Ein elektrisches Betriebsmittel ist mit IP 44 gekennzeichnet. Welche Information enthält diese Angabe?

1. Das elektrische Betriebsmittel entspricht den Anforderungen des Gerätesicherheitsgesetzes.

2. Das elektrische Betriebsmittel wurde von der VDE-Prüfstelle abgenommen.

3. Das elektrische Betriebsmittel ist schutzisoliert.

4. Das elektrische Betriebsmittel ist gegen das Eindringen von Staub geschützt.

5. Das elektrische Betriebsmittel ist gegen Spritzwasser aus allen Richtungen geschützt.

193

In einer Anlage soll ein elektrisches Betriebsmittel eingebaut werden. Nach DIN VDE muss das Betriebsmittel mindestens der Schutzart IP 44 entsprechen. Welches Betriebsmittel kann ersatzweise eingebaut werden?

1. IP 2X

2. IP 40

3. IP 54

4. IP 5X

5. IP X5

194

Für eine elektrische Anlage ist vorgeschrieben, dass die elektrischen Betriebsmittel der Schutzart IP 4X entsprechen müssen. Was bedeutet in dieser Kennzeichnung der Buchstabe X?

1. Das Betriebsmittel muss absolut wasserdicht sein.

2. Das Betriebsmittel muss vollkommen staubdicht sein.

3. Das Betriebsmittel muss einen vollständigen Schutz gegen das Berühren aktiver Teile gewährleisten.

4. Das Betriebsmittel benötigt keinen Schutz gegen das Eindringen von Fremdkörpern.

5. Das Betriebsmittel benötigt keinen Schutz gegen das Eindringen von Wasser.

195

Welche Behauptung über die Schutzmaßnahme „Schutztrennung" entspricht der DIN VDE 0100?

1. Diese Schutzmaßnahme darf nur angewendet werden, wenn die Ausgangsspannung 50 V Wechselspannung nicht übersteigt.

2. Wird bei dieser Schutzmaßnahme ein ortsveränderlicher Trenntransformator verwendet, dann muss der Körper des Trenntransformators mit dem Schutzleiter verbunden werden.

3. Ist diese Schutzmaßnahme zwingend vorgeschrieben, dann darf an die Stromquelle nur ein Betriebsmittel angeschlossen werden.

4. Wird diese Schutzmaßnahme angewendet, dann ist der Körper des Betriebsmittels mit dem Schutzleiter zu verbinden.

5. Der Anschluss mehrerer Betriebsmittel an einen Trenntransformator muss über eine zweipolige Steckdose ohne Schutzkontakt erfolgen.

196

Ein elektrisches Betriebsmittel der Schutzklasse I wurde repariert.
Nennen Sie vier Prüfungen, die nach DIN VDE 0701-0702 durchgeführt werden müssen.

Aufgabenlösung 196:

Bewer-
tung
(10 bis 0
Punkte)

Ergebnis
196

Punkte

197

Warum muss die Messung des Isolationswiderstands einer Leitung mit Gleichspannung durchgeführt werden?

Aufgabenlösung 197:

Ergebnis
197

Punkte

198

Ortsveränderliche elektrische Betriebsmittel unterliegen Wiederholungsprüfungen.

1. Wer schreibt diese Prüfungen vor?

2. Wer darf diese Prüfungen durchführen?

Aufgabenlösung 198:

1.

2.

Ergebnis
198

Punkte

Kopieren und jede Form der Vervielfältigung oder Reproduktion nicht gestattet.

69

Prüfung elektrischer Geräte

199

Auf dem Typenschild eines elektrischen Betriebsmittels befindet sich das abgebildete Symbol.

1. Was bedeutet dieses Symbol?
2. Was ist beim Anschluss einer Leitung des Typs H07RR-F 3G1,5 zu beachten?

Aufgabenlösung 199:

1.

2.

200

Der Isolationswiderstand eines elektrischen Betriebsmittels der Schutzklasse II soll gemessen werden.

1. Welchen Wert (in MΩ) muss der Isolationswiderstand mindestens haben?
2. Mit welcher Spannung (in V) muss der Isolationswiderstand mindestens gemessen werden?

Aufgabenlösung 200:

1.

2.

Anlagen

Lösungsschlüssel
Lösungsvorschläge für die ungebundenen Aufgaben

Testaufgaben aus dem PAL-Prüfungsbuch
Elektroberufe · Lösungsschlüssel

Zur Beachtung:
Bei der Verwendung der Testaufgaben aus dem PAL-Prüfungsbuch innerhalb der betrieblichen und der schulischen Lehrstoffvermittlung muss der Lehrende entscheiden, ob der heraustrennbare Lösungsschlüssel dem Auszubildenden zugänglich gemacht werden soll oder nicht.

Aufgaben Nr.	richtig ist	Aufgaben Nr.	richtig ist	Aufgaben Nr.	richtig ist	Aufgaben Nr.	richtig ist	Aufgaben Nr.	richtig ist	Aufgaben Nr.	richtig ist	Aufgaben Nr.	richtig ist
001	3	007	3	013	1	019	4	025	1	029	2	033	1
002	3	008	3	014	4	020	2	026	5	030	2	034	2
003	4	009	2	015	3	021	3	027	5	031	2	035	1
004	3	010	4	016	5	022	2	028	5	032	3	036	2
005	3	011	3	017	4	023	3						
006	1	012	3	018	5	024	4						

Lösungsvorschläge • Unfallverhütung und Arbeitssicherheit

037

Z.B.
– Spannung abschalten
– Unfallopfer aus dem Gefahrenbereich transportieren
– Arzt benachrichtigen
– Art der Verletzungen feststellen
– Stabile Seitenlage bei Bewusstlosigkeit

038

– Bild 1: Flucht- und Rettungsweg
– Bild 2: Erste Hilfe
– Bild 3: Brandmeldetelefon
– Bild 4: Feuerlöscher
– Bild 5: Rauchen verboten
– Bild 6: Feuer, offenes Licht und Rauchen verboten

039

Farbe	Bedeutung
Rot	Verbot (Halt, Brandschutz)
Gelb	Gefahr (Warnung)
Blau	Gebot (Hinweis)
Grün	Rettung (Gefahrlosigkeit)/Erste Hilfe

040

Z.B.:
- Anwendungsbereich
- Gefahr für Mensch und Umwelt
- Schutzmaßnahmen und Verhaltensregeln
- Verhalten bei Störungen
- Verhalten bei Unfällen, Erste Hilfe
- Instandhaltung
- Folgen der Nichtbeachtung

041

1. Freischalten
2. Gegen Wiedereinschalten sichern
3. Spannungsfreiheit feststellen
4. Erden und kurzschließen
5. Benachbarte unter Spannung stehende Teile abdecken oder abschranken

042

- Elektrofachkräfte
- Elektrotechnisch unterwiesene Personen

043

Festgelegte Tätigkeiten sind gleichartige, sich wiederholende Arbeiten an Betriebsmitteln, die vom Unternehmer in einer Arbeitsanweisung beschrieben sind. In Eigenverantwortung dürfen nur solche festgelegten Tätigkeiten ausgeführt werden, für die die Ausbildung nachgewiesen ist und eine Einweisung erfolgte.

044

Rot mit gelbem Hindergrund

Testaufgaben aus dem PAL-Prüfungsbuch
Elektroberufe · Lösungsschlüssel

Zur Beachtung:

Bei der Verwendung der Testaufgaben aus dem PAL-Prüfungsbuch innerhalb der betrieblichen und der schulischen Lehrstoffvermittlung muss der Lehrende entscheiden, ob der heraustrennbare Lösungsschlüssel dem Auszubildenden zugänglich gemacht werden soll oder nicht.

Auf- gaben Nr.	rich- tig ist	Auf- gaben Nr.	rich- tig ist
045	3	048	4
046	1		
047	2		

Lösungsvorschläge • Gefahren des elektrischen Stroms

049

Ein Körperschluss ist eine durch einen Fehler entstandene leitende Verbindung zwischen dem Körper und den aktiven Teilen elektrischer Betriebsmittel.

050

Fehlerschutz bezeichnet den Schutz gegen elektrischen Schlag unter den Bedingungen eines Einzelfehlers. Im Allgemeinen entspricht der Fehlerschutz dem Schutz beim indirekten Berühren, vornehmlich im Hinblick auf einen Fehler der Basisisolierung.

051

AC: $U_\text{B} = 50$ V
DC: $U_\text{B} = 120$ V

052

Z. B.:
- Kurzschluss: Eine durch einen Fehler entstandene leitende Verbindung zwischen gegeneinander unter Spannung stehenden Leitern oder aktiven Teilen. Im Fehlerstromkreis befindet sich kein Nutzwiderstand.
- Körperschluss: Eine durch einen Fehler entstandene leitende Verbindung zwischen dem Körper und den aktiven Teilen elektrischer Betriebsmittel.
- Leiterschluss: Eine durch einen Fehler entstandene leitende Verbindung zwischen gegeneinander unter Spannung stehenden Leitern oder aktiven Teilen. Im Fehlerstromkreis befindet sich ein Nutzwiderstand.
- Erdschluss: Eine durch einen Fehler entstandene leitende Verbindung durch unbeabsichtigtes Auftreten eines Strompfades zwischen einem aktiven Leiter und Erde.

053

1. Basisschutz bezeichnet den Schutz gegen elektrischen Schlag, wenn keine Fehlzustände vorliegen. Im Allgemeinen entspricht der Basisschutz dem Schutz gegen direktes Berühren.
2. Fehlerschutz bezeichnet den Schutz gegen elektrischen Schlag unter den Bedingungen eines Einzelfehlers. Im Allgemeinen entspricht der Fehlerschutz dem Schutz beim indirekten Berühren, vornehmlich im Hinblick auf einen Fehler der Basisisolierung.

054

Stromstärke, Zeit, Frequenz

055

– Muskelverspannungen
– Herzrhythmusstörungen
– Herzkammerflimmern

056

Sicherungen sollen im Fehlerfall vor einem elektrischen Schlag sowie Leitungen und Betriebsmittel vor unzulässiger Erwärmung schützen.

057

AC-4-2: Wahrscheinlichkeit von Herzkammerflimmern, ansteigend bis etwa 50 %

058

$$\frac{U}{U_B} = \frac{R_{Boden} + R_{Körper}}{R_{Körper}}$$

$$U_B = \frac{U \cdot R_{Körper}}{R_{Boden} + R_{Körper}} = \frac{230\ V \cdot 1\,300\ \Omega}{200\ \Omega + 1\,300\ \Omega}$$

$$\underline{\underline{U_B \approx 199\ V}}$$

059

1. $$R_k = \frac{R_1 \cdot R_2}{R_1 + R_2} + R_3 + \left(\frac{R_4 \cdot (R_5 + R_6)}{R_4 + R_5 + R_6}\right) + R_7$$

$$R_k = \frac{820\ \Omega \cdot 820\ \Omega}{820\ \Omega + 820\ \Omega} + 35\ \Omega + \left(\frac{140\ \Omega \cdot (140\ \Omega + 110\ \Omega)}{140\ \Omega + 140\ \Omega + 110\ \Omega}\right) + 420\ \Omega$$

$$\underline{\underline{R_k \approx 955\ \Omega}}$$

2. $$I = \frac{U}{R_k}$$

$$I = \frac{230\ V}{955\ \Omega}$$

$$\underline{\underline{I = 0{,}24\ A}}$$

Testaufgaben aus dem PAL-Prüfungsbuch
Elektroberufe · Lösungsschlüssel

Zur Beachtung:

Bei der Verwendung der Testaufgaben aus dem PAL-Prüfungsbuch innerhalb der betrieblichen und der schulischen Lehrstoffvermittlung muss der Lehrende entscheiden, ob der heraustrennbare Lösungsschlüssel dem Auszubildenden zugänglich gemacht werden soll oder nicht.

Auf-gaben Nr.	rich-tig ist	Auf-gaben Nr.	rich-tig ist	Auf-gaben Nr.	rich-tig ist	Auf-gaben Nr.	rich-tig ist	Auf-gaben Nr.	rich-tig ist	Auf-gaben Nr.	rich-tig ist	Auf-gaben Nr.	rich-tig ist	Auf-gaben Nr.	rich-tig ist
060	3	066	4	071	5	077	1	082	1	086	2	091	5	093	2
061	3	067	5	072	1	078	2	083	4	087	3	092	4	094	1
062	1	068	4	073	1	079	1	084	5	088	5			095	2
063	5	069	5	074	3	080	3	085	2	089	2				
064	4	070	4	075	5	081	2			090	3				
065	5			076	4										

Lösungsvorschläge • Schutzmaßnahmen – Schutz gegen elektrischen Schlag

096

Z.B.:
– Schutz durch „Automatische Abschaltung"
– Schutz durch „Doppelte oder verstärkte Isolierung"

097

Z.B.
– Schutz durch Basisisolierung aktiver Teile
– Schutz durch Abdeckungen oder Umhüllungen
– Schutz durch Hindernisse
– Schutz durch Anordnung außerhalb des Handbereichs

098

Die Isolierung dient dem Schutz von Personen und Nutztieren vor zu hoher Berührungsspannung durch doppelte oder verstärkte Isolierung.

099

Durch die galvanische Trennung wird Potenzialfreiheit von anderen Stromkreisen und von Erde erreicht.

100

Der Summenstromwandler vergleicht die Summe der zu- und abfließenden Ströme.

101

Bemessungsspannung, Bemessungsstrom, Bemessungsdifferenzstrom

102

40   Bemessungsstrom in A
0,03   Bemessungsdifferenzstrom in A

IP20

Geeignet für Wechsel- und pulsierende Gleichfehlerströme

(IP) International Protection
(2) Schutz vor mittelgroßen festen Fremdkörpern mit einem Ø von > 12,5 mm
      Schutz vor Berührung mit den Fingern mit einem Ø von 12 mm
(0) kein Wasserschutz

103

1. Mit der Prüftaste kann die Funktion der RCD überprüft werden.
2. Die Prüftaste muss mindestens arbeitstäglich betätigt werden.
3. Eine RCD auf Baustellen muss monatlich durch Messung überprüft werden.

104

Eine RCD überwacht die Ströme in der Zu- und Rückleitung. Normalerweise sind die beiden Ströme gleich hoch. Besteht zwischen beiden Werten eine Differenz, so liegt ein Fehler vor (Körperschluss, Erdschluss) und der Stromkreis wird unterbrochen.

105

Es besteht bei SELV-Stromkreisen im Fehlerfall keine Gefahr, da die Berührungsspannung wie auch die Fehlerspannung ≤ 50 V sind.

106

Er verhindert das Einsetzen einer Schmelzsicherung mit einem höheren Bemessungsstrom.

107

$$I_a = 5 \cdot I_N = 5 \cdot 16 \text{ A} = 80 \text{ A}$$

$$R_{ges} = \frac{U_0}{I_a} = \frac{230 \text{ V}}{80 \text{ A}} = 2,88 \ \Omega$$

$$R_{Ltg} = R_{ges} - Z_S = 2,88 \ \Omega - 1,88 \ \Omega = 1 \ \Omega$$

$$I = \frac{R \cdot \gamma \cdot A}{2} = \frac{1 \ \Omega \cdot 56 \ \frac{m}{\Omega \cdot mm^2} \cdot 1,5 \ mm^2}{2} = \underline{42 \text{ m}}$$

Ab einer Leitungslänge von I = 42 m ist ein ausreichender Schutz nicht mehr gegeben

108

1. $I_k = \dfrac{U_0}{Z_S} = \dfrac{230 \text{ V}}{2,3 \ \Omega} = \underline{100 \text{ A}}$

2. Der Kurzschlussstrom ist niedriger als der Auslösestrom der Sicherung.
    Deshalb darf die 16-A-Sicherung nicht eingesetzt werden.

109

1. n = 5 bis 10
2. Soll: $I_a = 10 \cdot I_N = 10 \cdot 16 \text{ A} = 160 \text{ A}$

    Ist: $I_a = \dfrac{U_0}{Z_S} = \dfrac{230 \text{ V}}{2,4 \ \Omega} = 95,83 \text{ A}$

    Der Leitungsschutzschalter löst im Kurzschlussfall nicht sicher aus.

Testaufgaben aus dem PAL-Prüfungsbuch
Elektroberufe · Lösungsschlüssel

Zur Beachtung:
Bei der Verwendung der Testaufgaben aus dem PAL-Prüfungsbuch innerhalb der betrieblichen und der schulischen Lehrstoffvermittlung muss der Lehrende entscheiden, ob der heraustrennbare Lösungsschlüssel dem Auszubildenden zugänglich gemacht werden soll oder nicht.

Auf-gaben Nr.	rich-tig ist
110	3
111	2
112	5

Auf-gaben Nr.	rich-tig ist
113	3
114	5
115	2
116	2
117	4

Auf-gaben Nr.	rich-tig ist
118	2

119

1. TN-C-S-System
2. Durch den Anschluss des Schutzleiters (PE) am Gehäuse
3. Überlast- und Kurzschlussschutz; Schutz gegen elektrischen Schlag

120

T: Sternpunkt der Stromquelle direkt geerdet
N: Direkte Verbindung eines Körpers mit geerdetem Punkt des Versorgungssystems
C: Kombinierte Neutralleiter- und Schutzleiterfunktion in einem Leiter (PEN)
S: Leiter (PE) mit Schutzfunktion, der vom Neutralleiter oder geerdeten Außenleiter getrennt ist

121

Im Fehlerfall wird aus dem Körperschluss ein Kurzschluss. Über den Außenleiter und den Schutzleiter fließt so ein hoher Strom, dass die Überstromschutzeinrichtung innerhalb einer festgelegten Zeit sicher abschaltet.

122

Im TT-System ist der Sternpunkt des Spannungserzeugers direkt geerdet. Die Körper der angeschlossenen Betriebsmittel sind mit anderen Erdern verbunden, die von der Erdung des Sternpunkts des Spannungserzeugers unabhängig sind.

123

Tritt zusätzlich ein Körperschluss auf, so kann es zu einer gefährlichen Berührungsspannung kommen.

124

1. Im IT-System ist die Quelle gegenüber der Erde isoliert oder mit einer hohen Impedanz geerdet. Die Körper der zu schützenden Betriebsmittel sind über einen Schutzleiter an einem gemeinsamen Erder geerdet.
2. Beim ersten aufgetretenen Fehler erfolgt noch keine Abschaltung.

Lösungsvorschläge • Verteilungssysteme

125

1. Beim Auftreten eines Körperschlusses fließt ein Strom über die Erde. Sobald dieser Strom den Wert von $I_{\Delta N} = 30$ mA übersteigt, schaltet die RCD die Schutzkontaktsteckdosen ab.

2. $R_{Amax} = \dfrac{U_L}{I_{\Delta N}}$

126

1. Schutzklasse I, Symbol:

2. Durch den Körperschluss eines Außenleiters entsteht ein Kurzschluss. Der Fehlerstrom über den Außenleiter des Lampengehäuses und den Schutzleiter wird so hoch, dass die Sicherung -F1 abschaltet.

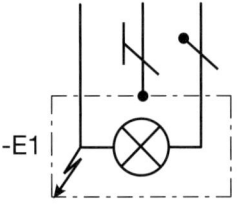

127

1. $R_A = \dfrac{U_{Lmoεε}}{I_F} = \dfrac{21\ V}{230\ mA} = \underline{\underline{91,3\ \Omega}}$

2. $R_{Amax} = \dfrac{U_L}{I_F} = \dfrac{50\ V}{0,3\ A} = \underline{\underline{166,67\ \Omega}}$

Testaufgaben aus dem PAL-Prüfungsbuch
Elektroberufe · Lösungsschlüssel

Zur Beachtung:
Bei der Verwendung der Testaufgaben aus dem PAL-Prüfungsbuch innerhalb der betrieblichen und der schulischen Lehrstoffvermittlung muss der Lehrende entscheiden, ob der heraustrennbare Lösungsschlüssel dem Auszubildenden zugänglich gemacht werden soll oder nicht.

Auf-gaben Nr.	rich-tig ist	Auf-gaben Nr.	rich-tig ist
128	2	133	3
129	5	134	1
130	2		
131	4		
132	1		

Lösungsvorschläge • Sicherheit von Maschinen

135

Z.B.
- Zweihandsicherheitsschaltung
- Schutzschalter
- Lichtschranken
- Schaltmatten
- Verkleidungen
- Abdeckungen
- Umzäumungen
- NOT-HALT-Taster (rastend)

136

- Alle Antriebe, die gefährliche Zustände hervorrufen können, müssen ohne Gefahr abgeschaltet werden.
- Selbstständiger Wiederanlauf bei Rücksetzung der NOT-AUS-Funktion muss verhindert werden.
- Die NOT-AUS-Funktion muss Vorrang vor allen anderen Betätigungen haben.

137

- Windungsschluss
- Wicklungsschluss
- Wicklungsunterbrechung

138

1. Widerstände der Wicklungen

2. – Schaltbrücken am Klemmbrett entfernen
   – Widerstandsmessung zwischen U1 – U2, V1 – V2, W1 – W2

139

- Windungsschluss im Trafo
- Kurzschluss im Trafo
- (Ölverlust)

Lösungsvorschläge • Sicherheit von Maschinen

140

Z.B.
- Überlastung des Motors, z.B. durch Blockieren des Rührers
- Fehlende Außenleiter am Motorklemmbrett
- Windungsschluss in der Motorwicklung
- Kurzschluss am Motorklemmbrett
- Körperschluss

141

$U_{Prüf} = 1000\ V + 2 \cdot U_N$ ($U_{Prüf\,min} = 1500\ V$)

142

1. Der Isolationswiderstand ist zwischen allen Motorwicklungen untereinander sowie gegen das Motorgehäuse zu messen.

2. $R_{ISO} = 10\ M\Omega$

3. I: International
   P: Protection
   4: Schutz gegen Eindringen fester Fremdkörper mit einem Durchmesser ≤ 1 mm
   4: Schutz gegen Spritzwasser aus allen Richtungen

143

IP: International Protection
6: Schutz gegen Eindringen von Staub (staubdicht), vollständiger Berührungsschutz
8: Schutz bei dauerndem Untertauchen

Testaufgaben aus dem PAL-Prüfungsbuch
Elektroberufe · Lösungsschlüssel

Zur Beachtung:

Bei der Verwendung der Testaufgaben aus dem PAL-Prüfungsbuch innerhalb der betrieblichen und der schulischen Lehrstoffvermittlung muss der Lehrende entscheiden, ob der heraustrennbare Lösungsschlüssel dem Auszubildenden zugänglich gemacht werden soll oder nicht.

Aufgaben Nr.	richtig ist	Aufgaben Nr.	richtig ist	Aufgaben Nr.	richtig ist	Aufgaben Nr.	richtig ist	Aufgaben Nr.	richtig ist
144	2	149	3	154	4	158	3	164	4
145	4	150	1	155	3	159	2	165	4
146	5	151	2	156	1	160	3		
147	4	152	1	157	4	161	5		
148	2	153	4			162	4		
						163	3		

Lösungsvorschläge • Prüfung elektrischer Anlagen

166

Z.B.

Besichtigen:	– Kontrolle der richtigen Auswahl von Kabeln und Leitungen – Kontrolle der richtigen Auswahl von Betriebsmitteln
Erproben:	– Erprobung der Wirksamkeit von Sicherheitseinrichtungen – Erprobung der Funktionsfähigkeit erforderlicher Melde- und Anzeigeeinrichtungen
Messen:	– Messung der Schleifenimpedanz – Messung des Isolationswiderstands

167

Damit im Fehlerfall nur die Überstrom-Schutzeinrichtung abschaltet, die unmittelbar vor der Fehlerquelle liegt.

168

Die Überstrom-Schutzeinrichtung schützt die elektrische Anlage (Verteilungen, Leitungen, Geräte usw.) vor den schädigenden Auswirkungen von Kurzschlüssen und Überlastungen (Fehlerschutz).

169

Die Schleifenimpedanz sollte einen möglichst niedrigen Wert haben, damit bei einem Körperschluss der Fehlerstrom (Abschaltstrom) die Überstrom-Schutzeinrichtung in der vorgeschriebenen Zeit auslöst.

170

1. Der Isolationswiderstand dieser Leitung muss mindestens zwischen allen aktiven Leitern (L1, L2, L3, N) und dem Schutzleiter (PE) gemessen werden.
2. $R_{ISO} \geq 1\ \text{M}\Omega$

171

1. $I_F = \dfrac{U_0}{R_A + R_B + R_M} = \dfrac{230\ \text{V}}{850\ \Omega + 1{,}6\ \Omega + 1000\ \Omega} = \underline{\underline{124\ \text{mA}}}$
2. AC-4-1: Wahrscheinlichkeit von Herzkammerflimmern, ansteigend bis etwa 5 %

172

1. $t_a = 0{,}4$ s
2. $I_a = 5 \cdot I_N = 5 \cdot 16$ A = <u>80 A</u>
3. Die Abschaltung erfolgt durch die magnetische Auslösung

173

100-A-Niederspannungs-Hochleistungs-Sicherung für Wechselspannungen bis 500 V

174

1. Z.B.:
   – PE/PEN der Einspeisung
   – Fundamenterder
   – Blitz- und Überspannungs-Schutzeinrichtung
   – Antennenanlage
   – Heizungsanlage
2. Der Zweck des Potenzialausgleichs ist es, gefährliche Potenzialunterschiede zwischen den einzelnen Systemen und Anlagenteilen zu verhindern.

175

1. Er soll das Entstehen von gefährlichen Potenzialen (Spannungen) verhindern.
2. Mindestquerschnitt 4 mm²

176

Das Prüf- und Messprotokoll dokumentiert den Anlagenzustand zum Zeitpunkt der Prüfung.

Testaufgaben aus dem PAL-Prüfungsbuch
Elektroberufe · Lösungsschlüssel

Zur Beachtung:
Bei der Verwendung der Testaufgaben aus dem PAL-Prüfungsbuch innerhalb der betrieblichen und der schulischen Lehrstoffvermittlung muss der Lehrende entscheiden, ob der heraustrennbare Lösungsschlüssel dem Auszubildenden zugänglich gemacht werden soll oder nicht.

Auf-gaben Nr.	rich-tig ist		Auf-gaben Nr.	rich-tig ist		Auf-gaben Nr.	rich-tig ist		Auf-gaben Nr.	rich-tig ist
177	4		183	2		187	5		192	5
178	4		184	5		188	2		193	3
179	5		185	2		189	3		194	5
180	5		186	4		190	4		195	3
181	5					191	4			
182	5									

Lösungsvorschläge • Prüfung elektrischer Geräte

196

Z.B.:
– Sichtprüfung
– Messung des Schutzleiterwiderstands
– Messen des Isolationswiderstands
– Messung des Schutzleiterstroms
– Funktionsprüfung

197

Bei der Wechselspannungsmessung wird das Messergebnis durch kapazitive Blindströme verfälscht.

198

1. Die Berufsgenossenschaft (BG)

2. Eine Elektrofachkraft oder eine elektrotechnisch unterwiesene Person (unter Aufsicht einer Elektrofachkraft)

199

1. Es handelt sich um ein elektrisches Betriebsmittel der Schutzklasse II (Schutz durch doppelte oder verstärkte Isolierung).

2. Der Schutzleiter darf nicht am Betriebsmittel angeschlossen werden. Am Stecker hingegen muss der Schutzleiter angeschlossen sein.

200

1. Mind. 2 MΩ

2. Mind. 500 V Gleichspannung

Anhang

Markierungsbogen

Markierungsbogen

Prüfungsart und -termin

Kammer-Nr.	Prüflingsnummer	Berufs-Nr.	+
			1
66 67 68	69 70 71 72 73	74 75 76 77	78

Vor- und Familienname und Ausbildungsbetrieb

Ausbildungsberuf

Prüfungsfach/-bereich

Projekt-Nr.

139 140

Bitte die Arbeitshinweise im Aufgabenheft beachten!

1	2	3	4	5	6	7	8	9	10
1	1	1	1	1	1	1	1	1	1
2	2	2	2	2	2	2	2	2	2
3	3	3	3	3	3	3	3	3	3
4	4	4	4	4	4	4	4	4	4
5	5	5	5	5	5	5	5	5	5

11	12	13	14	15	16	17	18	19	20
1	1	1	1	1	1	1	1	1	1
2	2	2	2	2	2	2	2	2	2
3	3	3	3	3	3	3	3	3	3
4	4	4	4	4	4	4	4	4	4
5	5	5	5	5	5	5	5	5	5

21	22	23	24	25	26	27	28	29	30
1	1	1	1	1	1	1	1	1	1
2	2	2	2	2	2	2	2	2	2
3	3	3	3	3	3	3	3	3	3
4	4	4	4	4	4	4	4	4	4
5	5	5	5	5	5	5	5	5	5

31	32	33	34	35	36	37	38	39	40
1	1	1	1	1	1	1	1	1	1
2	2	2	2	2	2	2	2	2	2
3	3	3	3	3	3	3	3	3	3
4	4	4	4	4	4	4	4	4	4
5	5	5	5	5	5	5	5	5	5

41	42	43	44	45	46	47	48	49	50
1	1	1	1	1	1	1	1	1	1
2	2	2	2	2	2	2	2	2	2
3	3	3	3	3	3	3	3	3	3
4	4	4	4	4	4	4	4	4	4
5	5	5	5	5	5	5	5	5	5

51	52	53	54	55	56	57	58	59	60
1	1	1	1	1	1	1	1	1	1
2	2	2	2	2	2	2	2	2	2
3	3	3	3	3	3	3	3	3	3
4	4	4	4	4	4	4	4	4	4
5	5	5	5	5	5	5	5	5	5

61	62	63	64	65
1	1	1	1	1
2	2	2	2	2
3	3	3	3	3
4	4	4	4	4
5	5	5	5	5

Wird vom Prüfungsaus-schuss ausgefüllt!

Erreichte Punkte bei den ungebundenen Aufgaben (bitte nur ganze Zahlen ohne Kommastellen rechtsbündig eintragen!)
Bei **abgewählten Aufgaben:** bitte „A"
bei **nicht bearbeiteten Aufgaben:** bitte „X"
linksbündig eintragen (Großbuchstaben)!

U 1	79 80 81	U 2	82 83 84
U 3	85 86 87	U 4	88 89 90
U 5	91 92 93	U 6	94 95 96
U 7	97 98 99	U 8	100 101 102
U 9	103 104 105	U 10	106 107 108
U 11	109 110 111	U 12	112 113 114
U 13	115 116 117	U 14	118 119 120
U 15	121 122 123	U 16	124 125 126
U 17	127 128 129	U 18	130 131 132
U 19	133 134 135	U 20	136 137 138

Faktor/Divisor gemäß Lösungsschablone

Anzahl der richtig gelösten gebundenen Aufgaben

141 142 143

A   Punkte A

=

Erreichte Punkte bei den ungebundenen Aufgaben

144 145 146

B   Punkte B

=

Punkte A + B

Ergebnis in Punkten (max. 100)

Datum

Unterschriften/Prüfungsausschuss

IHK-Gif Form Fach 1 / 2010